U0161381

组合电器差异化运维检修策略

张国宝 杨 为 柯艳国 编著

合肥工業大學出版社

图书在版编目(CIP)数据

组合电器差异化运维检修策略/张国宝,杨为,柯艳国编著. —合肥:合肥工业大学出版社,2024.1

ISBN 978 - 7 - 5650 - 6724 - 2

Ⅰ.①组… Ⅱ.①张… ②杨… ③柯… Ⅲ.①组合电器—运行②组合电器—维修 Ⅳ.①TM5

中国国家版本馆 CIP 数据核字(2024)第 041636 号

组合电器差异化运维检修策略

ZUHEDIANQI CHAYIHUA YUNWEI JIANXIU CELÜE

张国宝 杨 为 柯艳国 编著   责任编辑 汪 钵

出 版	合肥工业大学出版社	版 次	2024 年 1 月第 1 版
地 址	合肥市屯溪路 193 号	印 次	2024 年 1 月第 1 次印刷
邮 编	230009	开 本	710 毫米×1010 毫米 1/16
电 话	理工图书出版中心:0551 - 62903004	印 张	6.25
	营销与储运管理中心:0551 - 62903198	字 数	108 千字
网 址	press.hfut.edu.cn	印 刷	安徽昶颉包装印务有限责任公司
E-mail	hfutpress@163.com	发 行	全国新华书店

ISBN 978 - 7 - 5650 - 6724 - 2   定价: 30.00 元

如果有影响阅读的印装质量问题,请与出版社营销与储运管理中心联系调换。

编　委　会

前　言

现有气体绝缘全封闭组合电器（Gas Insulated Switchears，GIS，以下称"组合电器"）运检管理策略主要依据《国网输变电设备状态检修试验规程》（Q/GDW 1168—2013），以及《国家电网公司变电验收管理规定》［国网（运检/3）827—2017］、《国家电网公司变电运维管理规定》［国网（运检/3）828—2017］、《国家电网公司变电检测管理规定》［国网（运检/3）829—2017］、《国家电网公司变电评价管理规定》［国网（运检/3）830—2017］、《国家电网公司变电检修管理规定》［国网（运检/3）831—2017］等五项通用制度（简称"五通"），《国家电网有限公司关于印发十八项电网重大反事故措施（修订版）的通知》（国家电网设备〔2018〕979号）等，是适用于国网系统内组合电器运维检修的通用技术措施。

为提升设备的安全性，实现设备的被动维修管理向主动精益化管理的转变，结合近十年内全国电力系统组合电器设备故障及缺陷情况（含基建阶段故障，下同），从设备研发设计、材质选型、安装工艺等维度，组合电器检修工作组提炼出14家主流供应商组合电器产品差异化的运维检修策略157条。组合电器差异化运维检修策略有两个显著特点：一是针对老旧设备提出适应性强化管理措施，体现出各阶段共性运维检修策略与设备不同投运年限之间的关联性；二是对不同厂家因差异化的结构设计、不同工艺水准等引起的设备问题给出个性化运维检修措施。

由于时间仓促、作者水平有限，书中难免存在疏漏之处，恳请读者批评指正。

编著者

2023 年 10 月

目　　录

第1章 某省110 kV及以上组合电器故障、缺陷情况分析

1.1 装用情况

截至2022年6月，某省在运110 kV及以上组合电器设备共5480个间隔。其中，2022年（截至6月）投运311个间隔，增长率约为6.02%；2021年投运829个间隔，增长率约为19.10%；2020年投运937个间隔，增长率约为27.53%。各年份组合电器设备投运间隔见表1-1所列，各年份组合电器设备增长率如图1-1所示。

表1-1 各年份组合电器设备投运间隔

投运年份	投运间隔/个	在运间隔/个	增长率/%
2022年（截至6月）	311	5480	6.02
2021年	829	5169	19.10
2020年	937	4340	27.53
2019年	610	3403	21.84
2018年	400	2793	16.72
2017年	277	2393	13.09
2016年	270	2116	14.63
2015年	190	1846	11.47
2014年	142	1656	9.38
2013年	203	1514	15.48
2012年	145	1311	12.44
2011年	182	1166	18.50

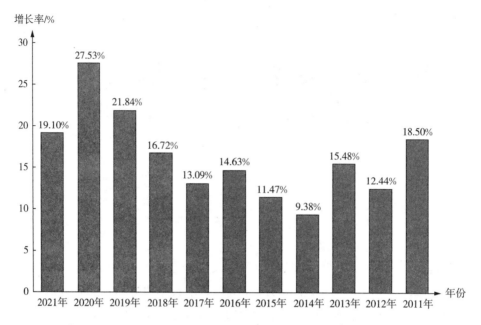

图 1-1 各年份组合电器设备增长率

按投运年限划分（见图 1-2），截至 2022 年 6 月，投运 1 年内的组合电器设备共 889 个间隔，约占 16.22%；投运 1～5 年的组合电器设备共 2416 个间隔，约占 44.09%；投运 6～10 年的组合电器设备共 888 个间隔，约占 16.20%；投运 10 年以上的组合电器设备共 1287 个间隔，约占 23.49%。

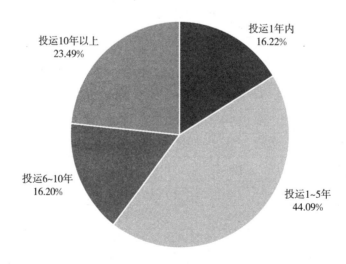

图 1-2 组合电器设备装用情况（按投运年限划分）

按电压等级划分（见图1-3），某省110kV组合电器设备共3885个间隔，约占70.89%；220kV组合电器设备共1383个间隔，约占25.24%；500kV组合电器设备共173个间隔，约占3.16%；1000kV组合电器设备共39个间隔，约占0.71%。

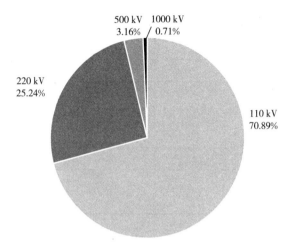

图1-3 组合电器设备装用情况（按电压等级划分）

1.2 故障情况统计

近10年，某省110kV及以上电压等级组合电器共发生故障52次，故障率为0.1563次/（百间隔·年）。其中处于基建阶段的故障18次，约占34.62%，故障率为0.0541次/（百间隔·年）；处于运行阶段的故障34次，约占65.38%，故障率为0.1022次/（百间隔·年）。

1. 按年度统计

按年度统计，故障发生次数最多的为2020年，共发生16次故障，约占30.77%；其次为2021年，共发生8次故障，约占15.38%；2013年、2017年和2018年各发生6次故障，各约占11.54%。组合电器设备年度故障次数统计见表1-2所列，各年度组合电器设备故障情况统计如图1-4所示。

表1-2 组合电器设备年度故障次数统计

年份	故障次数				合计
	110 kV	220 kV	500 kV	1000 kV	
2012 年	0	0	0	0	0
2013 年	0	0	0	6	6

（续表）

年份	故障次数				合计
	110 kV	220 kV	500 kV	1000 kV	
2014 年	0	1	0	1	2
2015 年	1	0	0	0	1
2016 年	0	0	0	2	2
2017 年	1	3	2	0	6
2018 年	3	1	2	0	6
2019 年	1	1	0	2	4
2020 年	2	11	1	2	16
2021 年	3	4	0	1	8
2022 年	0	0	1	0	1
合计	11	21	6	14	52

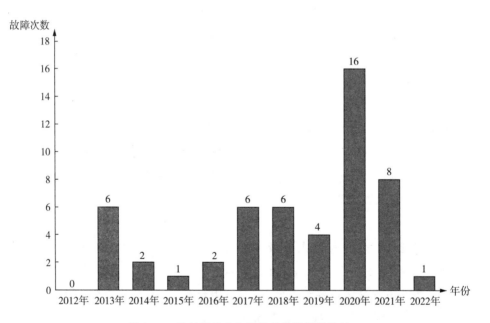

图 1-4　各年度组合电器设备故障情况统计

2. 按电压等级统计

按电压等级统计，220 kV 组合电器设备发生故障最多，为 21 次，约占 40.39%，故障率为 0.2712 次/（百间隔·年）；其次是 1000 kV 组合电器设备故障 14 次，约占 26.92%，故障率为 5.00 次/（百间隔·年）；110 kV 组合电器设备故障 11 次，约占 21.15％，故障率为 0.0455 次/（百间隔·年）；500 kV 组合电器设备故障次数最少，为 6 次，约占 11.54％，故障率为 0.5742 次/（百间隔·年）。各电压等级故障次数占比如图 1-5 所示，各电压等级组合电器的故障率如图1-6所示。

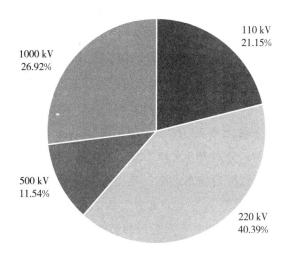

图 1-5　各电压等级故障次数占比

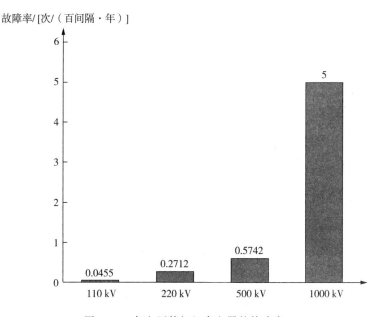

图 1-6　各电压等级组合电器的故障率

3. 按制造厂家统计

按照组合电器制造厂家统计，发生故障次数最多的组合电器制造厂家为西安西电开关电气有限公司（简称"西开电气"），共发生故障 19 次，故障中占比最高的为 500 kV 及以上组合电器设备，共发生 17 次故障。此外，首台套厂家相关设备发生故障的次数也较多，总共发生 14 次故障，按首台套厂家划分，其中无锡恒驰中兴开关有限公司（简称"无锡恒驰"）、国电博纳（北京）电力设备有限公司（简称"国电博纳"）、山东达驰电气有限公司（简称"山东达驰"）、特变电工股份有限公司（简称"特变电工"）和西安西电高压开关有限责任公司（简称"西开有限"）各发生 6 次、4 次、2 次、1 次和 1 次。发生故障次数较多的厂家还有河南平高电气股份有限公司（简称"河南平高"）和山东泰开高压开关有限公司（简称"山东泰开"），分别为 8 次和 4 次。各制造厂家故障次数统计如图 1-7 所示，其中"新东北电气"为新东北电气集团有限公司的简称，"思源电气"为思源电气股份有限公司的简称，"北京北开"为北京北开电气股份有限公司的简称，"三菱"为三菱电机（中国）有限公司的简称。

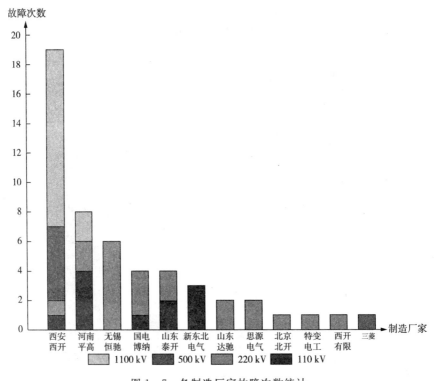

图 1-7　各制造厂家故障次数统计

4. 按投运年限统计

近10年全省共发生运行阶段组合电器设备故障34次，按组合电器设备投运年限统计，投运1年内的组合电器设备发生故障5次，约占全省投运1年内的组合电器间隔的0.562%，故障率为0.5631次/（百间隔·年）；投运1～5年的组合电器设备发生故障14次，约占全省投运1～5年内组合电器间隔的0.579%，故障率为0.1886次/（百间隔·年）；投运6～10年的组合电器设备发生故障7次，约占全省投运6～10年组合电器间隔的0.788%，故障率为0.1029次/（百间隔·年）；投运10年以上组合电器设备间隔发生故障8次，约占全省投运10年以上组合电器设备间隔的0.622%，故障率为0.044次/（百间隔·年）。运行阶段组合电器设备故障按投运年限统计如图1-8所示。

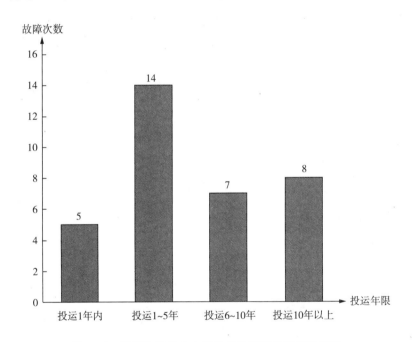

图1-8 运行阶段组合电器设备故障按投运年限统计

5. 按故障原因统计

处于基建阶段的18次故障中，由内部异物放电导致故障12次，约占66.67%；组部件缺陷导致故障4次，约占22.22%；装配工艺不良及二次元器件故障各导致故障1次，共约占11.11%。

处于运行阶段的34次故障中，特高压组合电器设备共发生7次故障，其中，内部异物故障 6 次，约占 85.71%；组部件质量导致故障 1 次，约占 14.29%。上述故障主要由特高压首台套组合电器设备厂家设计缺陷及装配工艺不良导致。

110～500 kV 组合电器设备在运行阶段共发生故障 27 次，其中传动机构故障 11 次，约占 40.74%，主要是弹簧机构拒动、隔离开关机构三相不一致；二次元器件故障 6 次，约占 22.22%，主要是非全相继电器损坏、二次线圈绝缘异常；内部异物故障 5 次，约占 18.52%，主要是塑料材质吸附剂罩、动部件异常磨损；组部件质量 3 次，约占 11.11%；其他 2 次，约占 7.41%。110～500 kV 组合电器设备运行阶段故障数如图 1-9 所示，110～500 kV 组合电器设备运行阶段故障占比如图 1-10 所示。

在 110～500 kV 组合电器设备运行阶段故障中，传动机构、二次元器件导致故障共 17 次，约占总故障的 62.96%。按运行年限分类，机构故障主要出现在投运初期（3 年内）及运行 10 年及以上的设备中，二次元器件故障主要集中在运行 10 年及以上的设备中。内部异物及组部件质量主要与装配工艺及厂家外购件质量管控有关，与运行年限相关性不大。传动机构及二次元器件故障按年限划分如图 1-11 所示。

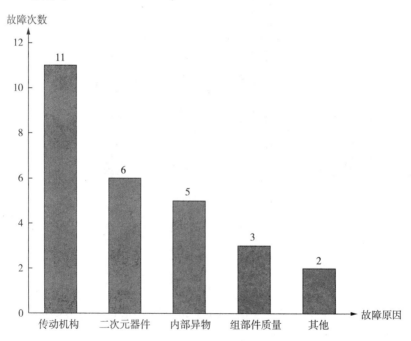

图 1-9　110～500 kV 组合电器设备运行阶段故障数

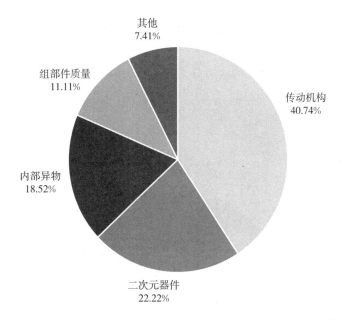

图 1-10　110～500 kV 组合电器设备运行阶段故障占比

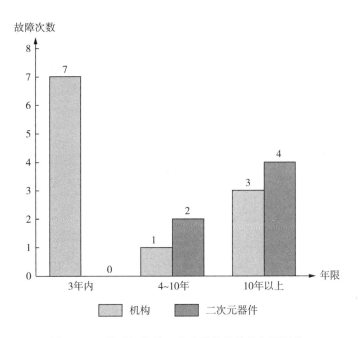

图 1-11　传动机构及二次元器件故障按年限划分

6. 按故障部位统计

按故障发生气室划分，隔接单元和断路器单元引发的故障最多，分别为 21 次和 19 次，分别约占 40.39％ 和 36.54％。其余故障中，母线单元、汇控柜、CT 单元、避雷器和套管引发的故障分别为 5 次、4 次、1 次、1 次和 1 次，分别约占 9.62％、7.69％、1.92％、1.92％ 和 1.92％。组合电器设备故障按故障发生部位划分如图 1-12 所示。

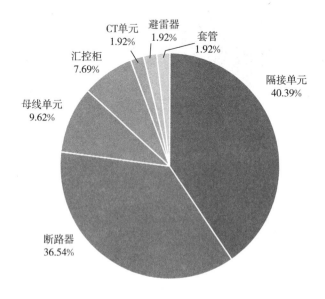

图 1-12　组合电器设备故障按故障发生部位划分

1.3　缺陷情况统计

全省组合电器设备共发现缺陷 282 次，缺陷率为 0.8479 次/（百间隔·年）。

1. 按年度统计

按年度统计，2020 年发现缺陷数最多，共发现 59 次，约占 20.92％；其次为 2019 年，共发现 57 次缺陷，约占 20.21％；2017 年和 2018 年各发现缺陷 50 次，各约占 17.73％；2021 年发现缺陷 37 次，约占 13.12％；2016 年发现缺陷 25 次，约占 8.87％；2015 年发现缺陷 4 次，约占 1.42％。缺陷按年度划分如图 1-13 所示。

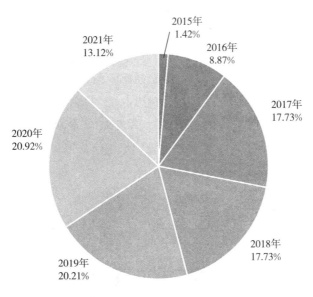

图 1 - 13   缺陷按年度划分

2. 按电压等级统计

按电压等级统计，发现缺陷数量最多的为 220 kV 组合电器设备，共发现 118 次，约占 41.84%；其次为 110 kV 组合电器设备，共发现 116 次，约占 41.14%；1000 kV 和 500 kV 组合电器设备分别发现 21 次和 27 次缺陷，分别约占 7.45% 和 9.57%。缺陷按电压等级划分如图 1 - 14 所示。

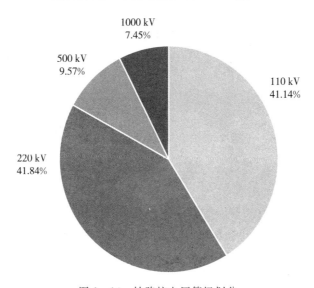

图 1 - 14   缺陷按电压等级划分

3. 按制造厂家统计

按制造厂家统计，缺陷数量最多的为河南平高，共发现 71 次缺陷，约占 25.18%；其次为西开电气，共发现 53 次缺陷，约占 18.79%；新东北电气和北京北开分别发现缺陷 35 次和 21 次，分别约占 12.41% 和 7.45%；山东泰开和正泰电气股份有限公司（简称"正泰电气"）各发现 17 次缺陷，各约占 6.03%；其他共为 68 次，约占 24.11%。缺陷按制造厂家统计如图 1-15 所示。

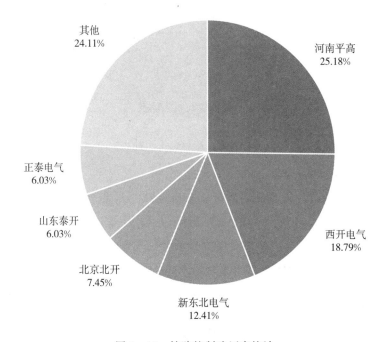

图 1-15　缺陷按制造厂家统计

4. 按投运时间统计

按投运时间统计，投运 1 年组合电器设备共发现缺陷 58 次，约占 20.57%，缺陷率为 6.532 次/（百间隔·年）；投运 1~5 年组合电器设备共发现缺陷 42 次，约占 14.89%，缺陷率为 0.566 次/（百间隔·年）；投运 6~10 年组合电器设备共发现缺陷 73 次，约占 25.89%，缺陷率为 1.073 次/（百间隔·年）；投运 10 年以上组合电器设备共发现缺陷 109 次，约占 38.65%，缺陷率为 0.601 次/（百间隔·年）。缺陷按投运年限统计如图 1-16 所示，不同投运年限组合电器设备缺陷率如图 1-17 所示。

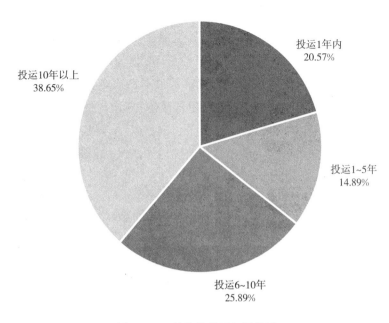

图 1-16 缺陷按投运年限统计

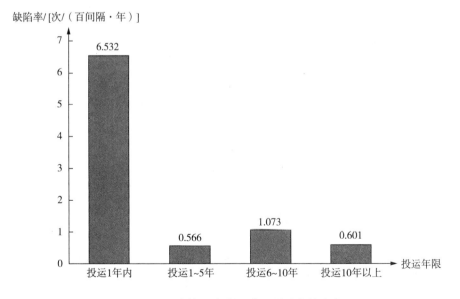

图 1-17 不同投运年限组合电器设备缺陷率

5. 按缺陷原因统计

按缺陷原因统计，其中漏气缺陷最多，共发现 105 次，约占 37.24%，主要

是户外组合电器密封对接面、SF$_6$ 密度继电器接头渗漏;断路器/隔离开关机构
缺陷 52 次,约占 18.44%,主要是拒动、卡涩、液压机构频发打压或渗漏油、储
能电机损坏等;二次元器件异常 37 次,约占 13.12%,主要是出口继电器损坏、
辅助开关损坏、二次线缆发热等;机构箱密封不良或老化 28 次,约占 9.93%,
主要是密封条老化引起的进水;带电显示器故障 16 次,约占 5.67%,主要是指
示异常;SF$_6$ 密度继电器异常 13 次,约占 4.61%,主要是精度不满足要求;其
他缺陷 31 次,约占 10.99%。缺陷按原因统计如图 1-18 所示。

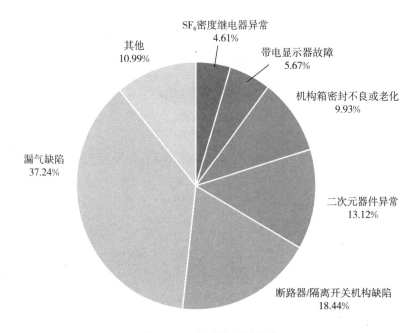

图 1-18　缺陷按原因统计

漏气缺陷、断路器/隔离开关机构缺陷、二次元器件异常、机构箱密封不良
或老化、带电显示器故障、SF$_6$ 密度继电器异常等共 251 次,约占总缺陷的
89.01%。按运行年限分类,漏气缺陷、断路器/隔离开关机构缺陷出现在投运初
期(3 年内)及投运 10 年及以上的设备中(见图 1-19);二次元器件异常、机
构箱密封不良或老化、带电显示器故障、SF$_6$ 密度继电器异常等主要集中在投运
5 年以上设备中,且缺陷数量随运行年限增加逐年增多(见图 1-20)。其他 31
次缺陷中,主要原因包括汇控柜面板及前后门异常、避雷器泄漏电流超标等,与
运行年限相关性不大。

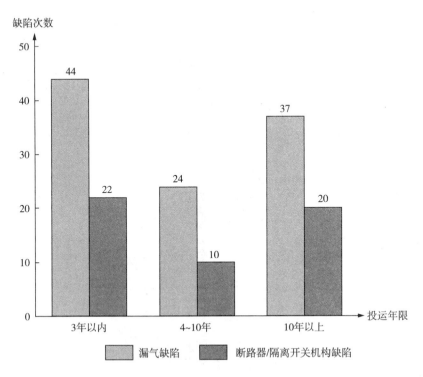

图 1-19　漏气缺陷及断路器/隔离开关机构缺陷按投运年限划分

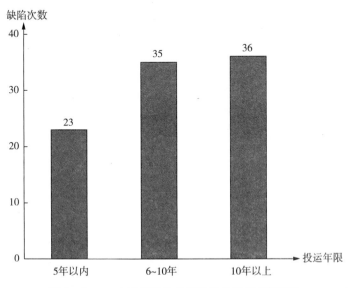

图 1-20　二次元器件异常等缺陷按投运年限划分

6. 按缺陷部位统计

按缺陷部位统计，缺陷发生次数最多的为 SF_6 密度继电器，共发现缺陷 105 次，约占 37.24%；断路器和隔离开关单元分别发现缺陷 42 次和 39 次，分别约占 14.89% 和 13.83%；二次系统共发现缺陷 37 次，约占 13.12%；汇控柜、避雷器和母线分别发现缺陷 15 次、8 次和 5 次，分别约占 5.32%、2.84% 和 1.77%；其他缺陷 31 次，约占 10.99%。缺陷按部位统计如图 1-21 所示。

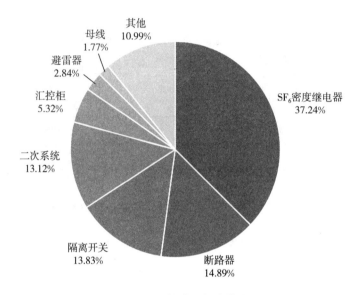

图 1-21 缺陷按部位统计

第2章　组合电器共性运维检修策略

2.1　投运1年内

针对投运1年内的组合电器设备，对倒闸前后的分合闸位置核对、伸缩节功能检查、汇控柜/机构箱密封巡视以及重点部位X射线检测等提出以下运维检修策略。

1. 运维策略

① 在倒闸操作过程中应严格执行接地隔离开关分合闸位置核对工作的要求，对机构箱分/合闸指示牌、汇控箱位置指示灯、后台监控机的位置指示、现场位置初始状态标识、接地隔离开关观察孔（现场条件具备时）进行确认，明确接地隔离开关分合闸状态。

② 重点检查伸缩节滑动支撑垫片、固定支架等受力变形状况，记录初始伸缩量，每季度监测伸缩节变化量。

③ 重点巡视汇控柜、机构箱等的密封情况，检查温度、湿度控制装置是否正常运行，查看有无凝露或受潮等。

2. 检修策略

① 对隔离/接地隔离开关分合闸位置进行初始状态标识。对传动机构连杆位置进行初始状态标识能正确反映隔离/接地隔离开关分合闸位置及插入深度。

② 500 kV及以上组合电器设备的断路器、隔离开关、母线等的轴销、紧固螺钉等传动连接部位、电连接插接深度、触指弹簧、触头等全部进行X射线检测，220 kV及以下组合电器设备上述部位抽取10%进行X射线检测。

2.2　投运 1～5 年

针对投运 1～5 年的组合电器设备，对本体密封、动部件的位置指示检查、弹簧机构防拒动排查等提出以下运维检修策略。

1. 运维策略

① 本体密封：加强特殊运行工况下（高负荷、高温及极寒天气等）的户外组合电器设备红外检漏特巡，关注法兰对接面、安装螺孔、SF_6 密度继电器接头等部位。

② 断路器、隔离开关、接地开关等位置指示：机械指示与电气指示一致且清晰可见。

2. 检修策略

① 本体密封：SF_6 密度继电器接头出现漏气情况应进行更换，罐体沙眼可打磨后堵漏，本体法兰密封对接面漏气的应查明原因，选择重新涂覆防水胶、调整紧固螺栓力矩、更换防水垫圈或解体检修。

② 断路器弹簧机构：结合例行试验或安排停电，3 年内执行一次组合电器设备断路器防拒动排查，户内运行的可放宽到 4 年内一次。

2.3　投运 6～10 年

针对投运 6～10 年的组合电器设备，对本体密封、二次元器件与带电显示器测试、隔离/接地开关传动结构检查、SF_6 密度继电器校验及断路器机构维护等提出以下运维检修策略。

1. 运维策略

① 二次元器件：加强箱柜内二次元器件红外测温频次；检查加热器、温控器功能应无异常损坏、受潮凝露，辅助开关连杆、行程开关支架无断裂、变形，接触器动作正常。

② 本体密封：巡视中，重点检查盆式绝缘子密封对接面及紧固螺栓处、金属法兰与瓷件胶装部位黏合防水胶是否完好。

③ 隔离/接地开关传动结构：巡视中，重点关注户外组合电器设备的隔离/接地开关本体轴封、机构连杆及传动拐臂等部位的锈蚀卡涩情况，检查外部传动

紧固螺栓、销钉、挡圈等松脱状况，以及相间连杆采用转动或链条传动方式设计的三相机械联动隔离开关（针对 220 kV 组合电器设备）的三相位置指示应一致。

④ 带电显示器：对于具备自检功能的带电显示装置，利用自检按钮确认显示单元是否正常；对于不具备自检功能的带电显示装置，通过测量显示单元输入端电压判断显示单元或传感单元功能是否正常。

2. 检修策略

① 二次元器件：结合例行试验，开展断路器分位防跳及非全相功能验证，以及出口继电器动作电压、动作功率的测试；对组合电器间隔的断路器、隔离开关控制、储能回路，以及断路器非全相回路中的二次接点进行逐一紧固。

② 断路器弹簧机构：检查拐臂滚子和凸轮、电磁铁行程、分合闸挚子等间隙，对机械特性异常变化的，优化调整上述间隙及分合闸弹簧预紧压缩量；对齿轮传动、挚子扣接、轴承等重点部位补涂润滑脂。

③ 断路器液压碟簧机构：每 6 年定期过滤液压油（边分合闸边滤油，充分清理工作缸内部积存的杂质），并核对调整各压力整定值；对滤油前后的液压油取样进行颗粒度、铁谱检测分析，不满足要求的更换液压油；出现频繁打压的（日打压次数超过 10 次或相间对比超出 3 倍）需查明原因，提前制定处理方案（如过滤液压油、解体检修等），安排停电计划。

④ 隔离/接地开关传动结构：结合例行试验，开展机械特性测试及外露传动结构处除锈润滑，且分合闸位置应与初始状态标识保持一致；针对快速接地开关做好合闸速度或时间测试，检查弹簧压缩量状态。

⑤ SF_6 密度继电器校验：每 6 年完成对 SF_6 密度继电器（含整定值）校验。

2.4　投运 10 年以上

针对投运 10 年以上的组合电器设备，对本体密封、隔离/接地开关传动与断路器机构大修、二次元器件更换、机构箱及汇控柜箱体维护等提出以下运维检修策略。

1. 运维策略

① 断路器液压碟簧机构：巡视中，重点核查机构渗漏油情况，记录每月（日）打压次数，开展纵向和相间打压次数对比。

② 隔离/接地开关传动机构：倒闸操作前后，发现组合电器设备三相电流不

平衡时要停止操作，及时查找原因并处理；组合电器设备隔离/接地开关操作前后机械指示不清晰、指示状态不明确的，应结合 X 射线带电检测手段核实隔离/接地开关的实际机械状态后方可执行下一步操作。

③ 本体密封：户外组合电器设备发生漏气的，补气后应缩短巡视周期。

④ 机构箱及汇控箱箱体：户外组合电器设备应注重巡视箱体内部受潮状况，检查密封胶条有无开裂、脱落，观察窗是否开裂或模糊、影响观察。

2. 检修策略

① 二次元器件：结合停电做好非全相时间、防跳、分合闸闭锁继电器及温湿度控制器等性能测试；出口继电器应每 12 年更换一次，若因箱体密封不良造成继电器锈蚀、腐蚀的，缩短更换周期。

② 断路器弹簧机构：对运行 12 年以上的弹簧机构，结合停电测试机械特性及分合闸电流波形曲线，并在断掉电机电源情况下进行分合闸操作，甄别电机储能过程掩盖机构合闸不到位的情况，对于问题多发的应整体更换机构。

③ 断路器液压碟簧机构：对运行超过 12 年、渗漏油、打压频繁的液压碟簧机构，安排机构大修，更换液压油，清除零部件锈蚀，修复断路器机械防慢分装置及影响机构密封性能（如逆止阀、安全阀及密封圈等）的部件。

④ 隔离/接地开关机构：对运行超过 10 年，出现过机构连杆及传动拐臂锈蚀卡涩、机械指示不清及内部电机性能异常等缺陷的户外组合电器设备隔离开关应优先开展大修，对老旧锈蚀卡涩的零部件进行更换，调节分合闸指示与实际机械状态一致性；对采用拐臂式相间连杆的机构分合闸位置新增分合闸指示。

⑤ 机构箱及汇控箱箱体：对单层密封条结构的箱体，每 10 年整体更换密封条，对复合结构的箱体，每 12 年整体更换密封条；结合密封条更换工作，重新开展设备箱体密封胶涂覆及老化观察窗更换。

第3章 组合电器个性运维检修策略

结合系统内各主流厂家设备出现的典型事故案例以及设备的运行情况，从设备研发设计、材质选型、安装工艺等维度提出了 14 个厂家存量设备的 48 类隐患 157 项个性化运维检修策略。

3.1 厂家1

1. 1000 kV 组合电器

1000 kV 组合电器的主要隐患为隔离闸刀罩焊装的焊接工艺不良。

检修策略：①每次停电打开隔离开关观察窗，目视检查是否存在异常；②出现异常的优先开展内部点检工作。

运维策略：每 3 年开展气室微水及组分测量，发现异常的及时处置。

2. 220 kV 组合电器

（1）接地开关绝缘区漏气

检修策略：①结合停电将绝缘垫更换为环氧玻璃层压板型，更换后绝缘垫四周涂抹 RTV 防水胶；②暂未出现漏气、设备运行超过 10 年、尼龙绝缘垫变形、法兰对接处有缝隙的，应在迎峰度夏前完成对接地开关绝缘垫的更换，其他应在年底前完成；已经出现漏气的优先进行处理。

运维策略：巡检中，重点检查接地开关底座绝缘垫是否有老化变形现象、法兰处是否有缝隙。

（2）隔离开关输出轴锈蚀拒动

检修策略：①户外设备每 3 年检查传动轴及转动部位的锈蚀情况，暂无异常现象，对传动部位进行除锈及润滑处理，机构大修时进行更换；如锈蚀较为严重，3 年内停电更换传动装配或更换齿轮箱装配；②设备复役前，进行 5 次分合闸操作，通过观察窗看触头位置和分合指示牌进行确认,分合闸无误后方可投运。

运维策略:倒闸操作前后,通过观察窗以及机构和本体上的分合指示牌,检查隔离开关分合是否到位。

(3)隔离/接地开关观察窗裂纹

检修策略:出现裂纹的应在两年内进行更换,裂纹处漏气时需立刻安排更换新结构的观察窗,无裂纹的结合设备大修进行更换。

运维策略:巡检时检查观察窗是否有裂纹。

3. 110 kV 组合电器

(1)户外组合电器电缆终端上盖板漏气

检修策略:①结合停电更换盖板及密封圈,更换后对密封螺栓重新涂防水胶,已经发生漏气的优先进行更换;②未涂抹防水胶或防水胶失效的,应对密封螺栓处重新涂防水胶。

运维策略:①注意观察该气室密度表压力值,重点对螺栓连接处和法兰对接面进行检漏;②每 6 年查看螺栓孔上部防水胶的完好性。

(2)线形接地开关绝缘区开裂漏气

检修策略:①户外设备每 6 年开展接地开关底座与绝缘盘连接螺栓的防水涂层状态的检查及维护,发生漏气的尽快安排停电更换,并重新涂覆防水胶;②未发生漏气的设备,根据停电情况安排更换为新结构的接地开关,户外设备优先处理。

运维策略:①恶劣天气后加强对该型号接地开关的巡视,查看绝缘子是否有开裂等异常现象;②接地开关气室出现漏气时,重点对接地开关绝缘子开展红外检漏。

(3)电流互感器局放异响

检修策略:出现振动异响、超声局放等异常现象的加装重症监护装置并结合 SF_6 气体组分综合研判,出现劣化迹象的尽快安排停电进行更换。

运维策略:暂无异常现象的,对运行年限超过 10 年的设备在大负荷期间加强带电检测频次。

3.2 厂家 2

1. 1000 kV 组合电器

(1)合闸电阻绝缘拉杆嵌件与螺栓连接处断裂

检修策略:①结合断路器大修、更换工作,开展合闸电阻气室点检工作,结合断路器更换完成合闸电阻气室治理工作；②动部件更换后进行 50 次磨合操作及二次清理点检。

运维策略：①强化合闸电阻气室的带电检测；②对出现局放异常的工况，开展重症监护，持续跟踪局放变化，出现恶化的及时解体检修；③若断路器、隔离开关等气室击穿，应尽快将线路转检修，防止故障扩大。

（2）合闸电阻堆对接处摩擦

检修策略：①结合断路器大修、更换工作，开展合闸电阻气室点检工作，结合断路器更换完成合闸电阻气室治理工作；②动部件更换后进行 50 次磨合操作及二次清理点检。

运维策略：①强化合闸电阻气室的带电检测；②对出现局放异常的工况开展重症监护，持续跟踪局放变化，出现恶化的及时解体检修；③若断路器、隔离开关等气室击穿，应尽快将线路转检修，防止故障扩大。

2. 500 kV 组合电器

（1）U 型母线补偿伸缩节（VP）漏气

检修策略：①结合停电检修计划，现场拆卸漏气 VP，并更换密封圈和尼龙垫圈；②频繁发生漏气 VP 应改为波纹管。

运维策略：①通过数据远传信号分析对比发现设备漏气缺陷；②关注高温、大负荷、雷暴雨等运行工况下压力的变化。

（2）隔离开关机构传动连杆脱落

检修策略：结合停电，重新调整所有连接机构，同时对从动相加装位置指示器。

运维策略：倒闸操作前后，观察三相电流变化情况，并核实隔离开关分合闸定位点位置是否准确，发现异常应立即停电处理。

（3）温控器发热烧毁

检修策略：对于温控器发热烧毁，首先应进行 D 类检修，检查其电路连接、接触点，以及是否有过载或短路；若烧毁严重，则更换部件或温控器（属于 B 类检修），更换后应进行必要的测试和调试，确保能正常工作。

运维策略：①定期开展二次设备红外测温，对检测中发现的异常及时上报；②完成该批次温度、湿度控制器的更换，对端子箱、断路器机构箱、隔离开关机构箱及二次屏柜等逐一进行排查。

3. 220 kV 组合电器

(1) 户外组合电器断路器灭弧室异形槽顶盖漏气

检修策略：①完成对断路器顶盖注胶和防水胶涂敷作业；②对运行 10 年以上、发生漏气的设备，结合停电计划优先进行更换盖板和过渡法兰处理。

运维策略：①日常巡视时增加检查断路器红外检漏的频次；②每 6 年检查断路器顶盖防水胶涂敷的良好性。

(2) 组合电器内部塑料材质吸附剂罩脱落

检修策略：①对设备进行 X 射线排查，螺栓松动、吸附剂罩脱落、局放信号异常增大的应立即停电更换；②对顶部及侧面布置的吸附剂罩，3 年内完成整改，每年均利用 X 射线检测。

运维策略：对顶部或侧面布置的吸附剂罩，提高超声波带电检测或特高频带电检测的频次至每季度一次，且迎峰度夏及度冬前各一次。

(3) 温控器发热烧毁

检修策略：对于温控器发热烧毁，首先应进行 D 类检修，检查其电路连接、接触点，以及是否有过载或短路；若烧毁严重，则更换部件或温控器（属于 B 类检修），更换后应进行必要的测试和调试，确保能正常工作。

运维策略：①定期开展二次设备红外测温，对检测中发现的异常及时上报；②完成该批次温度、湿度控制器的更换，对端子箱、断路器机构箱、隔离开关机构箱及二次屏柜等逐一进行排查。

4. 110 kV 组合电器

(1) 组合电器内部塑料材质吸附剂罩脱落

检修策略：①对设备进行 X 射线排查，螺栓松动、吸附剂罩脱落、局放信号异常增大的应立即停电更换；②对顶部及侧面布置的吸附剂罩，3 年内完成整改，每年均利用 X 射线检测。

运维策略：对顶部或侧面布置的吸附剂罩，提高超声波带电检测或特高频带电检测的频次至每季度一次，且迎峰度夏及度冬前各一次。

(2) 温控器发热烧毁

检修策略：对于温控器发热烧毁，首先应进行 D 类检修，检查其电路连接、接触点，以及是否有过载或短路；若烧毁严重，则更换部件或温控器（属于 B 类检修），更换后应进行必要的测试和调试，确保能正常工作。

运维策略：①定期开展二次设备红外测温，对检测中发现的异常及时上报；

②完成同批次温度、湿度控制器的更换，对端子箱、断路器机构箱、隔离开关机构箱及二次屏柜等逐一进行排查。

3.3　厂家 3

1. 220 kV 组合电器

(1) 户外组合电器垂直盆式绝缘子漏气

检修策略：①完成 ZF6 型户外组合电器垂直密封对接面处（无金属法兰的盆式绝缘子）加装防雨罩工作，改造前清除底部防水胶；②户外组合电器垂直密封对接面处漏气的（无金属法兰的盆式绝缘子），应采用 X 射线检测盆式绝缘子底部螺栓嵌件附近有无开裂、内部积水或结冰等，暂无异常的，缺陷整改前可采用临时堵漏措施。

运维策略：每 6~8 年开展检查户外组合电器垂直盆式绝缘子密封对接面处顶部防水胶完好性的工作，对接面出现漏气的应在补气后缩短巡视周期。

(2) 组合电器内部塑料材质吸附剂罩脱落

检修策略：①完成已投运多年的某型号组合电器气室内顶部或侧面吸附剂罩材质检测，对出现紧固螺栓松动、吸附剂罩脱落、局放信号异常增大的应立即停电更换；②对顶部或侧面布置的塑料材质吸附剂罩、负荷重要的组合电器，每年利用 X 射线复测。投运超过 15 年的，3 年内完成整改；投运不满 15 年的，5 年内完成整改。

运维策略：对顶部或侧面布置的吸附剂罩，提高超声波带电检测或特高频带电检测的频次至每季度一次，且迎峰度夏及度冬前各一次。

2. 110 kV 组合电器

(1) 户外组合电器横式隔接单元锈蚀

检修策略：①户外组合电器横式隔接组合的机构轴密封应增设防雨罩，出现锈蚀卡涩的需安排停电，做好轴承除锈及润滑，更换密封垫圈并重新涂覆防水胶；②投运超过 10 年的户外组合电器，结合机构大修本年度完成，投运 10 年以内的，制订滚动计划 3 年内完成改造。

运维策略：①巡视中，重点关注户外组合电器横式隔接组合的机构轴密封处有无锈蚀、积水或结冰等现象；②倒闸操作前后，重点核查组合电器隔离/接地开关操作到位情况，拐臂角度与分合闸到位指示不对应的，应结合 X 射线检测、电机电流监测等综合研判分合闸状态。

（2）组合电器内部塑料材质吸附剂罩脱落

检修策略：①完成已投运多年的某型号组合电器气室内顶部或侧面吸附剂罩材质检测，对出现紧固螺栓松动、吸附剂罩脱落、局放信号异常增大的应立即停电更换；②对顶部或侧面布置的塑料材质吸附剂罩、负荷重要的组合电器，每年利用 X 射线复测。投运超过 15 年的，3 年内完成整改；投运不满 15 年的，5 年内完成整改。

运维策略：对顶部或侧面布置的吸附剂罩，提高超声波带电检测或特高频带电检测的频次至每季度一次，且迎峰度夏及度冬前各一次。

3.4　厂家 4

1. 220 kV 组合电器

（1）气管接头锈蚀漏气

检修策略：①对户外设备，可采取涂抹防水胶方式进行临时防护；②结合停电计划，逐步完成气管接头的更换工作，已经发现漏气、运行环境较差的站点以及重要站点优先安排。

运维策略：加强日常巡视，对运行环境较差的站点以及重要站点进行红外检漏工作，需重点关注压力表的压力变化情况。

（2）隔离开关合闸不到位

检修策略：逐步完成更换，更换完成后需根据技术要求对行程开关及分合闸定位点进行调整。

运维策略：①在运维送电操作前后，观察三相电流变化情况，并核实隔离开关分合闸定位点位置是否准确，发现异常需立即停电处理；②例行巡视时，加强对隔离开关传动拐臂及接头等部件位置检查，查看是否有腐蚀现象，发现有明显腐蚀迹象的应及时上报。

（3）温控器发热烧毁

检修策略：对于温控器发热烧毁，首先应进行 D 类检修，检查其电路连接、接触点，以及是否有过载或短路；若烧毁严重，则更换部件或温控器（属于 B 类检修），更换后应进行必要的测试和调试，确保能正常工作。

运维策略：①完成同批次温度、湿度控制器的更换；②定期开展二次设备红外测温，对在检测过程中发现的异常情况及时上报。

（4）隔离/接地开关调试工艺不当

检修策略：①核查同型号组合电器隔离/接地开关分合闸位置有无偏离初始定位点情况（不应超过±2 mm），传动连杆长度、紧固螺栓状态等是否满足厂控技术要求，不满足的应结合组分分析及 X 射线开展检查；②对同型号、同批次组合电器隔离/接地开关逐个开展 X 射线检测，确保分合闸到位且动触头导杆长度满足要求；③对同型号组合电器结合例行试验、停电检修等，按照新工艺调节分合闸初始定位点。

运维策略：①日常巡检中重点关注分合指示位置是否准确到位；②倒闸操作前后，观察三相电流变化情况，并核实隔离开关分合闸是否与初始定位点位置一致，发现异常的立即停电处理。

2. 110 kV 组合电器

（1）断路器机构合闸不到位

检修策略：①对同型号、同批次在运断路器进行专项隐患排查，观察与棘轮连接的导杆的实际位置是否到位，对发现异常的立即申请停电处理；②结合停电计划，对同型号、同批次断路器进行机械特性测试，性能不满足厂家技术要求的，对弹簧压缩量进行调整，调整后机械特性仍不满足要求的，更换弹簧。

运维策略：合闸后核实导杆的实际位置是否到位，如有异常应立即停电处理。

（2）三工位轴封端盖进水轴承锈蚀

检修策略：①逐步完成三工位轴封端盖整改更换工作；②对运行中发现卡滞的、发生过电机烧毁的机构优先进行更换。

运维策略：①加强日常巡检工作，需重点关注分合指示位置是否准确到位；②倒闸操作前后，观察三相电流变化情况，并核实隔离开关分合闸定位点位置是否准确，发现异常需立即停电处理。

（3）温控器发热烧毁

运维策略：①完成同批次温度、湿度控制器的更换；②定期开展二次设备红外测温，对在检测过程中发现的异常情况及时上报。

3.5 厂家5

1. 500 kV 组合电器

(1) 户外复合绝缘子套管温升异常

检修策略：对于红外测温发现异常的复合绝缘子套管，利用紫外成像检测放电点，对发热现象加剧的更换套管。

运维策略：强化同批次复合绝缘子套管的红外测温频次。

(2) 户外组合电器顶部布置的带电显示装置密封缺陷

检修策略：①在迎峰度夏前完成顶部布置的带电显示器接线端子盒防雨罩的加装工作，确保防雨罩能有效遮挡带电显示盖板、二次配线接口处；②结合加装防雨罩工作，开盖检查同类结构带电显示器的内部情况，对进水、凝露的采取清理积水、干燥处理等措施，存在漏气的应停电更换漏气部位密封圈；③每6年对带电显示器内部情况及二次配线连接头的防水胶完好性进行专业特巡，防水胶劣化的应及时处置。

运维策略：巡视中，重点关注带电显示器的状况，确保二次配线走线不应高于接线口，且不存在端子盒盖板紧固不良及防雨罩破损失效等缺陷。

2. 220 kV 组合电器

220 kV 组合电器的主要隐患为户外组合电器顶部布置的带电显示装置密封缺陷。

检修策略：①在迎峰度夏前完成顶部布置的带电显示器接线端子盒防雨罩的加装工作，确保防雨罩能有效遮挡带电显示盖板、二次配线接口处；②结合加装防雨罩工作，开盖检查同类结构带电显示器的内部情况，对进水、凝露的采取清理积水、干燥处理等措施，存在漏气的应停电更换漏气部位密封圈；③每6年对带电显示器内部情况及二次配线连接头的防水胶完好性进行专业特巡，防水胶劣化的应及时处置。

运维策略：巡视中，重点关注带电显示器的状况，确保二次配线走线不应高于接线口，且不存在端子盒盖板紧固不良及防雨罩破损失效等缺陷。

3.6　厂家 6

220 kV 组合电器的主要隐患以及其检修、运维策略如下。

（1）本体漏气

检修策略：①迎峰度冬前，结合主母线伸缩节改造，分批次完成 220 kV 组合电器中 M12 规格紧固螺栓的防水垫圈及金属包封层更换，并对顶部螺孔处涂抹防水胶；②对组合电器所配用的 RDM - 6X 型 SF$_6$ 密度继电器缩短校验周期，每 3 年校验一次；③结合主母线停电，对 220 kV 组合电器接地/快接地机构底部加装固定支撑；④户外组合电器垂直密封对接面处（无金属法兰的盆式绝缘子）发生漏气的，应在当年度安排停电进行检修；快速接地开关漏气的可采用临时堵漏，应在漏气速度增大前，安排解体检修。

运维策略：①重点检查紧固螺栓防水垫圈外层金属包封层有无形变、开裂等，并及时记录；②巡视时，记录密度继电器压力值，轻敲表壳指针应能自由摆动；③冬季时，对快速接地开关顶部盆式绝缘子对接面及螺孔处加强红外检漏。

（2）母线伸缩节功能异常

检修策略：①迎峰度冬前，安排停电将用于温度补偿的 220 kV 组合电器主母线普通型伸缩节改造为压力平衡型；②整改前，每季度抽检部分伸缩节筒体与固定支架间的焊缝，执行超声波或 X 射线探伤。

运维策略：温度最高和最低的季节每月核查一次户外组合电器伸缩节伸缩量，与投运时伸缩量的变化应满足伸缩节（状态）伸缩量-环境温度曲线，且母线固定支撑、支架及地脚螺栓不应形变，并对采用橡胶垫的滑动支撑功能有效性进行检查。

（3）防爆膜设计裕度不足

检修策略：①结合主母线停电，将压变气室防爆膜更换为动作压力至少 1.2 MPa 的；②整改前，确保所在间隔气室 SF$_6$ 密度继电器指示不超过 0.65 MPa。

运维策略：巡视中，压变气室防爆膜外观应完好、无锈蚀变形，释放出口无积水或覆冰。

（4）绝缘支撑异物放电

检修策略：①结合主母线停电，每次至少选取一个断路器或主母线间隔，检查罐内尤其是拐臂盒、水平绝缘支撑筒及母线支撑绝缘件表面是否存在异物；

②如有异常，在迎峰度夏前滚动完成所有间隔的解体检修，并每月开展重点气室的带电检测。

运维策略：①加强现场运行维护，定期对组合电器设备绝缘件进行检查和清洁，确保无异物附着；②充分利用局部放电在线检测监测装置对绝缘支撑件（如绝缘支撑筒、母线支撑绝缘件等）进行监测，确保及时发现并处理潜在的放电问题。

3.7　厂家7

500 kV 组合电器的主要隐患为 Z 型母线连接导体接触不良。

检修策略：①每年度及本间隔刀闸检修后均应利用 X 射线检测 Z 型母线导电杆接头和电连接器插入深度，及时记录变化情况；②每3年或停电检修期间应开展回路电阻测试，发现异常的及时处置。

运维策略：对省内在运同型结构设备（50421、50521 闸刀）进一步加强日常运维巡视、带电检测，且巡视期间应远离防爆膜泄压方向。

3.8　厂家8

220 kV 组合电器的主要隐患为气室防爆片爆破设计压力值偏小。

检修策略：对现有防爆片进行安全评估，确定其实际承受压力是否满足设计要求。

运维策略：加强特殊工况下（大负荷、极寒、高温天气等）的气室压力及防爆膜状态的巡检。

3.9　厂家9

500 kV 组合电器的主要隐患为断路器与电流互感器间盆式绝缘子注胶孔漏气。

检修策略：注胶孔被打开过但未漏气的法兰应检查盖板状态防水胶并涂胶，对于已漏气的法兰面及时拆开处理密封面并更换密封圈。

运维策略：巡视时，检查预留的局放检测注胶孔处盖板是否封盖完好，加强对该部位的红外检漏。

3.10　厂家 10

1.500 kV 组合电器

500 kV 组合电器的主要隐患为罐体内遗留润滑脂硬化后引发放电。

检修策略：①结合主母线停电，每次至少选取一个主母线间隔，检查罐内尤其母线支撑绝缘件表面是否存在异物；②如有异常，在迎峰度夏前滚动完成所有间隔的解体检修，并每月开展重点气室的带电检测。

运维策略：对母线靠近盆式绝缘子附近部位提高超声波带电检测或特高频带电检测的频次至每季度一次，且迎峰度夏及度冬前各一次。

2.220 kV 组合电器

220 kV 组合电器的主要隐患为二次合闸位置监测回路。

检修策略：结合设备停电完成二次回路的隐患治理工作，对机构内部接线进行改造，将原供合闸用的防跳继电器常闭接点串联接入跳位监视回路。

运维策略：在防跳回路未整改前，开关合闸失败加速三跳情况时，要断开操作电源复归防跳继电器。

3.11　厂家 11

1.220 kV 组合电器

（1）隔离/接地开关机构轴封顶置朝上

检修策略：①户外组合电器隔离/接地开关机构应在分合闸指示器位置加装可视防雨罩，并在其缝隙处涂敷防水胶；②防雨罩加装半年后，应检查机构链条、轴承等部件有无锈蚀、松动、变形等，并对轴承处除锈后重新涂敷润滑脂，锈蚀严重的应安排停电更换轴承和密封垫圈；③每 3 年对隔离/接地开关机构特性、同期性及插入深度进行测试。

运维策略：①巡视时，重点关注闸刀机构和合分闸指示器的防雨罩有无破损、变形；②倒闸操作时，重点检查闸刀位置指示器与初始状态标识是否一致，对出现三相电流不一致、不同期等，应采用 X 射线核实无误后方可继续操作。

（2）SF_6 密度继电器精度异常

检修策略：①对 RDM-6X 型 SF_6 密度继电器装用量及校验情况开展排查，

发现异常的及时更换；②组合电器配用 RDM - 6X 型 SF_6 密度继电器的，应缩短校验周期，每 3 年校验一次。

运维策略：巡视时，该型压力表应检查并记录，检查时可轻敲表壳，指针应能自由摆动。

2. 110 kV 组合电器

110 kV 组合电器的主要隐患为带电显示器功能异常。

检修策略：变电站内智能控制柜、汇控柜等屏柜内的带电显示器端子接线不应与交直流二次端子接线相邻布置，或采取其他有效防误动措施，避免端子排绝缘能力降低导致带电显示器指示异常。

运维策略：日常巡视及校验，发现带电显示器指示异常的及时处置。

3.12　厂家 12

1. 220 kV 组合电器

（1）异物放电频发

检修策略：投运 5 年内，结合母线停电，至少选取一个断路器或主母线间隔，检查罐内尤其是屏蔽罩、母线支撑绝缘件及绝缘盆子表面是否存在异物。

运维策略：①加强超声波及特高频带电检测频次；②发现异常的可结合 X 射线成像检测综合研判，并及时处理隐患。

（2）弹簧机构拒分

检修策略：①各单位开展全面排查在运同型号设备机构配用情况，发现异常的（轴销端面颜色为银色）应纳入隐患清单；②完成隐患轴销的更换，机械特性满足要求且 50 次分合闸操作后无异常方可投运。

运维策略：加强断路防拒动检修、试验项目检验，包括本体传动机构和机构箱的巡视维护，适时开展分合闸线圈电流波形检测试验、机械特性试验、动作电压试验等项目。

2. 110 kV 组合电器

110 kV 组合电器的主要隐患为绝缘传动轴铸造缺陷。

检修策略：①结合母线停电，至少选取一个隔离开关间隔解体检修，并利用 X 射线检查绝缘传动轴内部是否有气隙；②如有异常，在迎峰度夏前滚动完成所有间隔的解体检修，并每月开展重点气室的带电检测。

运维策略：对同批次、同型号在运组合电器加强超声波及特高频带电检测频次。

3.13　厂家 13

110 kV 组合电器的主要隐患为接地引出绝缘子对接法兰锈蚀。

检修策略：①结合例行检修，对户外锈蚀法兰盘进行更换；②更换后对同型号、同批次对接法兰进行防锈处理；③漏气的设备年底前完成整改。

运维策略：巡视中，重点关注同型号、同批次在运设备接地引出绝缘子对接法兰等部位锈蚀情况。

3.14　厂家 14

220 kV 组合电器的主要隐患为隔离开关传动连杆变形。

检修策略：对齿轮盒、连杆加装防雨罩，防止进水锈蚀。

运维策略：①同型号、同批次在运设备，日常巡视重点检查机构传动部分的锈蚀、进水情况；②倒闸操作前后，观察三相电流变化，并核实隔离开关分合闸定位点位置，发现异常需立即处理。

第4章　1000 kV 设备故障缺陷案例

4.1　隔离开关罩焊装工艺管控

1. 案例情况

2021 年 1 月 8 日，某 1000 kV 特高压站 T0331 隔离开关 B 相故障，故障设备为组合电器，2014 年 12 月投运。通过质量追溯、设计复核、试验检测等调查，发现隔离开关罩焊装焊缝处存在细微的焊接缺陷（见图 4 - 1）。设备生产单位检验人员对该罩焊装进行渗透检测时未发现异常，在装配及点检过程中也未发现异常。但在长期运行过程中，残留在焊缝缝隙中的清洗液慢慢向外渗出，向下滴落，引发绝缘筒放电。

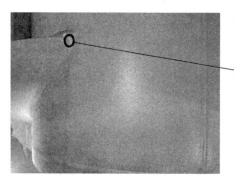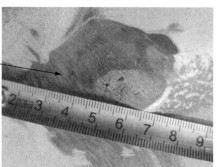

（a）焊缝气孔与焊缝流痕

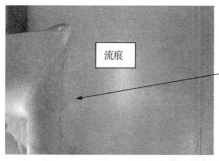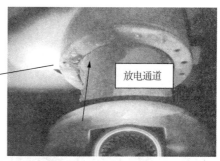

（b）清洗液流痕与绝缘筒位置对应

（c）绝缘筒屏蔽烧蚀严重

图 4-1 隔离开关罩焊接工艺不良引发放电

2. 检修策略

① 每次停电均应打开隔离开关观察窗，目视检查内部是否存在异常。

② 发现异常情况的优先开展内部点检工作。

3. 运维策略

每 3 年开展气室微水及组分测量，发现异常情况及时处置。

4.2 合闸电阻堆对接处摩擦产生异物问题

1. 案例情况

某特高压 1100 kV 组合电器设备首次采用合闸电阻上置结构。该断路器存在放电故障，通过对 T062A、C 两相断路器返厂解体，发现合闸电阻的 3 个电阻堆以及电阻堆连接部位的屏蔽罩、法兰盘均存有摩擦产生的异物（见图 4-2），导致合闸电阻气室放电。

图 4 - 2 合闸电阻堆对接处摩擦产生异物情况

2. 检修策略

① 结合断路器大修、更换工作，开展合闸电阻气室点检工作，并在断路器更换过程中完成合闸电阻气室治理工作。

② 动部件更换后进行 50 次磨合操作及二次清理点检。

3. 运维策略

① 强化合闸电阻气室带电检测频次。

② 对局放异常工况开展重症监护，持续跟踪局放变化，当情况恶化应及时解体检修。

③ 若断路器、隔离开关等气室击穿，应尽快将线路转检修，防止故障扩大化。

4.3 绝缘拉杆嵌件与螺栓连接断裂

1. 案例情况

2020 年 1 月 16 日 19 时，某特高压站 T032C 断路器发生放电，返厂解体后发现合闸电阻开关发生故障所致。本次放电主要是由于电阻开关动触头与绝缘拉杆之间的连接头发生断裂，导致动静触头位置异常引起的间隙击穿放电，放电产物引起盆式绝缘子沿面放电。研究发现电阻开关连接头断裂与其安装工艺过程管控不良有关（见图 4 - 3）。安装工艺不良导致连接头在断路器操作过程中异常受力，使得连接头产生缺陷，最终引发疲劳断裂。

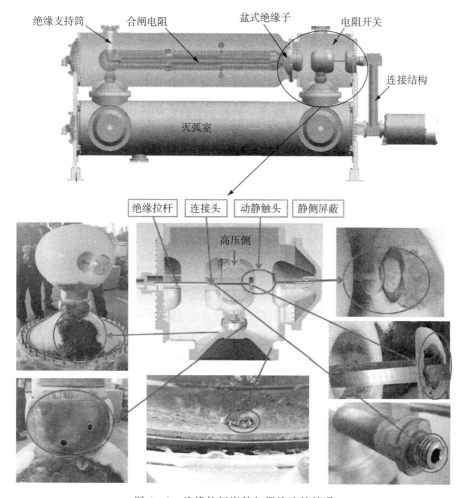

图 4-3　绝缘拉杆嵌件与螺栓连接情况

2. 检修策略

① 结合断路器大修、更换工作，开展合闸电阻气室点检工作，并在断路器更换过程中完成合闸电阻气室治理工作。

② 动部件更换后进行 50 次磨合操作及二次清理点检。

3. 运维策略

① 强化合闸电阻气室带电检测频次。

② 对局放异常工况开展重症监护，持续跟踪局放变化，情况恶化时应及时解体检修。

③ 若断路器、隔离开关等气室击穿，应尽快将线路转检修，防止故障扩大。

第5章 500 kV 设备故障缺陷案例

5.1 温控器发热烧毁

1. 案例情况

2016 年 8 月,某变电站发生因温控器元件自燃导致的 500 kV 组合电器汇控柜烧损事件。故障原因为某厂生产的温控器产品采用非阻燃材质的外壳和底座,温控器在长期运行后由于老化等原因出现绝缘故障,因此存在自燃的风险隐患。温控器烧损情况如图 5-1 所示。

(a)温控器内部图　　　　　　　　　(b)温控器调节面板

图 5-1　温控器烧损情况

2. 运维策略

① 定期开展二次设备红外测温,检测中发现异常及时上报。

② 完成该批次温度、湿度控制器的更换，对端子箱、断路器机构箱、隔离开关机构箱及二次屏柜等逐一排查。

5.2　隔离开关机构连杆脱落

1. 案例情况

某站 550 kV 组合电器隔离开关动作过程中发生绝缘故障。现场检查发现该隔离开关机构 A 相、B 相动触头未完成分闸操作，C 相分闸操作到位，动触头已缩回动侧屏蔽中。故障原因为连接机构传动鼓形齿轮与尼龙齿套松脱引起传动失效，继而引起从动相隔离开关未分闸到位。隔离开关机构连杆脱落如图 5-2 所示。

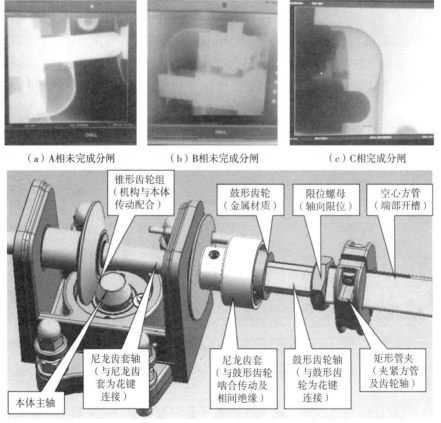

（a）A 相未完成分闸　　　（b）B 相未完成分闸　　　（c）C 相完成分闸

（d）隔离开关传动机构

图 5-2　隔离开关机构连杆脱落

2. 检修策略

结合停电，重新调整所有连接机构，同时对从动相加装位置指示器。

3. 运维策略

倒闸操作前后，观察三相电流变化情况，并核实隔离开关分合闸定位点位置是否准确，发现异常需立即停电处理。

5.3 U型母线补偿伸缩节漏气问题

1. 案例情况

某特高压站500kV组合电器设备运行中发现U型母线的补偿伸缩节上部出现漏气问题（见图5-3）。解体检查时，发现补偿伸缩节的橡胶护套内部有积水，补偿伸缩节的滑动密封处有脏污并有磨损痕迹，推测可能是补偿伸缩节外部护套因密封不严导致水汽和灰尘等异物进入滑动密封处，补偿伸缩节在热胀冷缩的运动伸缩时，密封圈和金属面在杂质的摩擦下出现轻微的凹痕，导致出现漏气现象。

图5-3 补偿伸缩节漏气情况

2. 检修策略

① 结合停电检修计划，现场拆卸漏气补偿伸缩节，并更换密封圈和尼龙垫圈。

② 频繁发生漏气补偿伸缩节应改为波纹管。

3. 运维策略

① 通过数据远传信号分析对比，发现设备漏气缺陷。

② 关注高温、大负荷、雷暴雨等工况下压力的变化。

5.4　户外复合绝缘子套管温升异常

1. 案例情况

某 500 kV 变电站，2019 年 12 月开展全站红外测温时发现 2 号主变 C 相 H 组合电器进线套管中下部部分温度高于其他两相 30 ℃多（见图 5-4），其中 C 相温度达到 41.1 ℃，B 相温度为 8.7 ℃，A 相温度为 9.0 ℃。

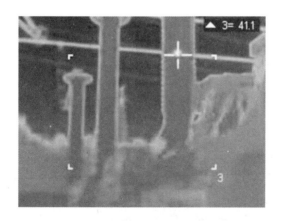

图 5-4　异常套管红外测温（2019 年 12 月）

2021 年 6 月开展全站红外测温发现 5011 母线侧套管 A 相中下部异常发热，运维人员持续跟踪，A 相异常发热始终存在，且温差有逐渐变大趋势，6 月 22 日 A 相套管最高温度为 31.5 ℃，B、C 相分别为 22.7 ℃和 23.1 ℃，温差最高达到 8.8 ℃（见图 5-5）。

异常设备为 H 组合电器套管，套管材质为复合绝缘子套管。H 组合电器设备型号为 ZFW52-550。检查套管内部发现内壁玻璃钢表面多处存在黑色条状物，主要分布在套管中部内壁和发热点附近，如图 5-6 所示。此外，发现黑色条状物表面凸起，用手能将黑色条状物擦除，排除放电灼烧可能性，确定黑色条状物为异物。

推测异物进入套管的可能原因：发热套管法兰密封圈润滑脂或平面密封剂涂

抹工艺不达标。润滑脂或平面密封剂在涂抹过程中误入密封圈内侧，导致套管内抽真空时将润滑脂或平面密封剂抽入套管中，形成黑色异物。

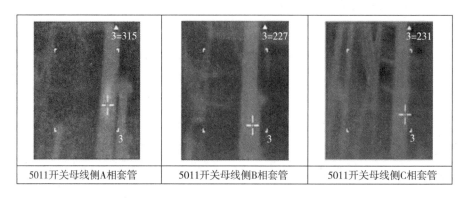

5011开关母线侧A相套管	5011开关母线侧B相套管	5011开关母线侧C相套管

图5-5 异常套管红外测温（2021年6月）

（a）套管中部内壁黑色条状物　　　　　（b）套管发热点附近黑色条状物

图5-6 异常套管中存在异物

2. 检修策略

针对红外测温发现异常的复合绝缘子套管，利用紫外成像对其进行复测，当发热现象加剧时应及时更换套管。

3. 运维策略

强化同批次复合绝缘子套管的红外测温频次。

5.5　户外组合电器带电显示装置密封缺陷

1. 案例情况

组合电器所用的线路带电显示器（组合电器本体侧）接线端子箱存在盖板垫圈安装不良、接线盒防水涂装失效问题，可能导致端子箱进水故障，引发内部绝缘板密封失效、漏气。

密封不良导致进水后内部接线端子、电容和绝缘板受潮，会引起带电显示的二次端不显示、电容损坏以及绝缘板密封不良漏气。二次端无信号可能造成闭锁失效，绝缘板密封不良会引起气室低气压报警等问题。线路带电显示如图 5-7 所示。

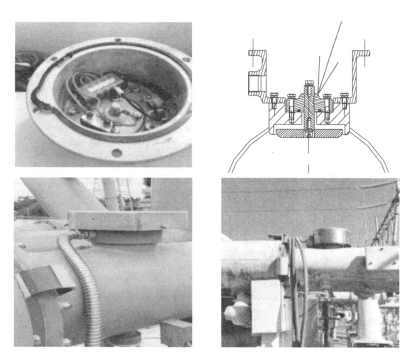

图 5-7　线路带电显示

2. 检修策略

① 在迎峰度夏前，完成顶部布置的带电显示器接线端子盒防雨罩的加装工作，确保防雨罩有效遮挡带电显示盖板和二次配线接口处。

② 结合防雨罩加装工作，同步开盖检查同类结构带电显示器内部情况，对出现进水、凝露问题应采取清理积水、干燥处理等措施，对出现漏气问题应停电

更换漏气部位密封圈。

③每6年对带电显示器内部情况及二次配线连接头防水胶完好性进行巡查视，发现防水胶劣化应及时处置。

3. 运维策略

运维巡视中要重点关注带电显示器状况，确保二次配线走线不应高于接线口，避免出现端子盒盖板紧固不良及防雨罩破损失效等缺陷。

5.6　连接导体接触不良

1. 案例情况

2022年4月17日某变电站50121隔离开关气室B相内部出现闪络。解体发现Z型母线与50121隔离开关对接处接触不良（见图5-8）。该对接处在长期通过大电流后触指发热，造成表带触指弹簧失效断裂、触指脱落。同时发热过程中产生分解异物附着在气室相关部件表面，异物在操作过电压等作用下引发绝缘子表面爬电放电，最终导致断路器故障跳闸。

（a）故障情况

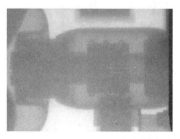

（b）隔离开关对接处透视图

图5-8　连接导体接触不良

2. 检修策略

强化主回路电阻测量，主回路电阻测量不局限于断路器主回路电阻测量，还需要对导体连接部位开展测量。

3. 运维策略

强化对导体连接部位的 X 射线检测，同时加强静态设备（导体的连接、盆式绝缘子）局放检测频次，若在运行中发现异常状况应及时处理。

5.7　断路器与电流互感器间隔离绝缘子上注胶孔漏气

1. 案例情况

2018 年 10 月某 500 kV 变电站某线路 5013 开关 C 相断路器与电流互感器间的隔离绝缘子上的注胶孔处发现漏气。分析漏气原因为设备投运后，对设备开展年度局放测试时，需打开断路器与电流互感器间隔离绝缘子上的注胶孔盖板，但在测试完成后并没有及时将该注胶孔盖板进行恢复，也未做相应的注胶防水措施，使得水汽或者液态水沿通道进入，最终导致密封圈局部腐蚀漏气（见图 5-9）。

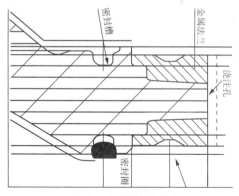

（a）注胶孔漏气位置　　　　　　　　（b）注胶孔漏气处结构

图 5-9　注胶孔漏气

2. 检修策略

对于注胶孔被打开过但未漏气的法兰，应检查其盖板防水胶状态并及时涂胶。对已漏气的法兰面应及时拆开处理密封面，并更换密封圈。

3. 运维策略

运维巡视时，检查预留的局放检测注胶孔处盖板是否封盖完好，加强对该部位的红外检漏。

5.8 母线筒壁上遗留润滑脂硬化后引发放电

1. 案例情况

2023 年 5 月 13 日，某特高压换流站 500 kV Ⅰ母母差保护动作，结合故障录播图、气室组分分析，发现故障点位于 500 kV Ⅰ母 EGB - 11 气室（靠近 50911 隔离开关侧母线气室）。通过解体判断故障原因为母线壳体上部附着润滑脂，其在电场作用下逐渐聚集，随着时间增长慢慢拉长、硬化，在重力作用下跌落，跌落过程中造成电场畸变，导体对壳体间气隙放电（见图 5 - 10）。

 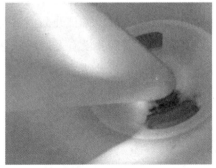

（a）故障气室位置　　　　　　　　　　（b）故障情况

图 5 - 10　遗留润滑脂硬化后引发放电

2. 检修策略

① 结合主母线停电，每次至少选取一个主母线间隔，检查罐内尤其母线支撑绝缘件表面是否存在异物。

② 如有异常，在迎峰度夏前滚动完成所有间隔的解体检修，并每月开展重点气室的带电检测。

3. 运维策略

对母线靠近盆式绝缘子附近部位提高超声波或特高频带电检测频次，频次至少达到每季度一次，且迎峰度夏及度冬前各一次。

第6章 220 kV 设备故障缺陷案例

6.1 接地开关绝缘区漏气

1. 案例情况

某户外站组合电器设备接地开关绝缘垫处发生漏气（见图 6-1）。接地开关底座连接处的绝缘垫材质为尼龙 1010，材料强度为 75 MPa，强度裕度为 21%。当施加力矩过大时，绝缘垫承受的预紧力过大，可能出现开裂、变形等问题。同时，在长期温差大、强紫外线环境下，该绝缘垫易老化，强度下降，导致密封性受损。

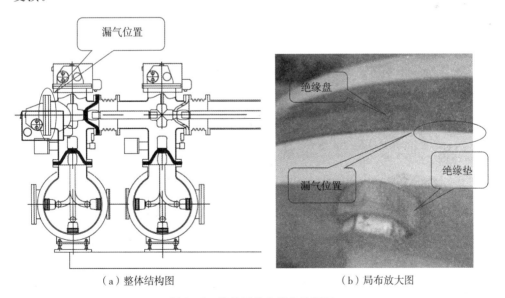

（a）整体结构图　　　　　（b）局布放大图

图 6-1　接地开关绝缘垫处漏气

2. 检修策略

① 结合停电将绝缘垫更换为环氧玻璃层压板型（见图6-2），更换后绝缘垫四周涂抹 RTV 防水胶。

② 对于接地开关绝缘垫暂未出现漏气，但运行超过10年、尼龙绝缘垫变形、法兰对接处有缝隙的，应在迎峰度夏前完成更换，其他绝缘垫应在年底前完成；已经出现漏气的优先进行处理。

图6-2　改进后的环氧玻璃层压板绝缘垫

3. 运维策略

运维巡检中，重点检查接地开关底座绝缘垫是否老化变形、法兰处是否有缝隙。

6.2　隔离开关输出轴锈蚀拒动

1. 案例情况

某变电站一处户外线性隔离开关输出轴发生锈蚀抱死，当操动机构动作时传动拉杆断裂，造成隔离开关本体拒动（见图6-3）。

该厂商此型号隔离开关产品的输出轴在2008年以前为45钢，并进行了磷化、涂防锈油表面防腐处理。在户外恶劣环境下长期运行后，隔离开关输出轴可能产生锈蚀。锈蚀导致输出轴与端盖之间摩擦阻力增大，使得合闸力矩增大，导致传动拉杆在合闸操作过程中发生断裂，造成隔离开关拒动。线型隔离开关传动部件位于不锈钢防雨罩内，运行维护时因防雨罩遮蔽，不易发现内部锈蚀情况。另外，防雨罩属于半封闭结构，环境中的水汽等可通过防雨罩下方进入传动部件，对传动部件造成腐蚀。

（a）输出轴锈蚀　　　　　　　　　　　（b）传动拉杆断裂

图 6-3　隔离开关输出轴锈蚀拒动

2. 检修策略

① 户外设备每 3 年检查传动轴及转动部位锈蚀情况。暂无异常现象的，应对传动部位进行润滑除锈处理，并在机构大修时进行更换；锈蚀较为严重的，3 年内停电更换传动装配或更换齿轮箱装配。

② 设备复役前，进行 5 次分合闸操作，并对触头位置和分合指示牌进行确认，确认分合闸无误后方可投运。

3. 运维策略

倒闸操作前后，通过观察窗以及机构和本体上的分合指示牌，再次检查隔离开关分合是否到位。

6.3　隔离接地开关观察窗产生裂纹

1. 案例情况

广东、四川等地发现隔离接地开关观察窗出现微裂纹（见图 6-4），但未有漏气情况发生。异常原因分析如下：在观察窗有机玻璃板装配过程中，紧固 M8 螺栓时误用电动扳手，电动扳手挡位选择不当或紧固时间过长，导致 M8 螺栓力矩过大（约 30 N·m），大于 M8 螺栓要求力矩（16 N·m）。由于零部件尺寸公差配合因素的存在，零部件会出现公差积累，极限情况下缓冲垫压缩量偏大，有机玻璃板承受压力增大。有机玻璃板凸台倒角偏小，产生应力集中，最终导致有机玻璃板产生微裂纹。

图 6-4　观察窗裂纹

2. 检修策略

对出现裂纹的观察窗，应在两年内进行更换；对出现裂纹且引发漏气的观察窗，需立刻更换；对无裂纹的观察窗，结合设备大修进行更换。隔离接地开关观察窗结构优化如图 6-5 所示。

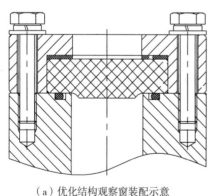
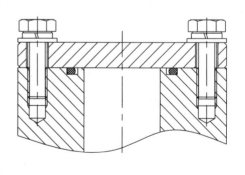

（a）优化结构观察窗装配示意　　　　　（b）金属盖板对观察窗孔进行封堵

图 6-5　隔离接地开关观察窗结构优化

3. 运维策略

巡检时加强检查观察窗是否有裂纹。

6.4　断路器液压机构失压

1. 案例情况

某变电站 220 kV 组合电器开关液压机构发出油泵打压信号、合闸闭锁报警信号、打压超时报警信号以及分闸闭锁报警信号，现场查看发现油压表降为零。故障原因为液压机构控制阀的副分一级阀密封圈损坏，导致密封不严，造成机构失压（见图 6 - 6）。密封圈损坏原因为装配过程控制不良导致挡圈切断，密封圈受压从挡圈断裂处挤入缝隙，长时间持续受压造成密封圈断裂失压。

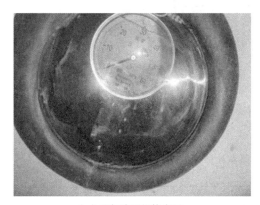

(a) 现场液压机构失压　　　　　　(b) 一级阀密封圈损坏

图 6 - 6　断路器液压机构失压

2. 检修策略

各单位结合停电计划对同型号、同批次设备液压机构一级阀进行检查，发现密封圈损坏应及时更换。

3. 运维策略

巡检时加强检查液压机构油压指示器是否有异常。

6.5　断路器灭弧室异形槽顶盖进水生锈

1. 案例情况

某 220 kV 变电站户外组合电器设备断路器顶盖出现漏气问题。对漏气位置进行检修时发现防水胶已开裂，漏气密封面局部存在进水锈蚀现象（见图6-7）。故障原因为该型号断路器顶盖在2008年3月产品改进中将原矩形密封槽改为需要注胶的异形槽，此槽型需要现场注脂，安装时若注脂不够或长期运行硅脂流失，易造成内部积水，引发盖板和过渡法兰（钢材质）密封面锈蚀，锈蚀严重时造成产品漏气。

图6-7　断路器灭弧室异形槽顶盖进水生锈

2. 检修策略

① 完成对断路器顶盖注胶和防水胶涂敷作业。

② 对运行10年以上、发生漏气的设备，结合停电计划优先进行更换盖板和过渡法兰处理。

3. 运维策略

① 日常巡视时增加检查断路器红外检漏的频次。

② 每6年检查断路器顶盖防水胶涂敷的良好性。

6.6　组合电器内部塑料材质吸附剂罩掉落

1. 案例情况

组合电器产品在运行中出现顶置和侧面装配位置使用螺栓固定的塑料吸附

罩螺纹孔周边产生裂纹,最终在长期运行设备的振动下缺陷扩大,导致吸附剂罩掉落。塑料吸附剂罩情况如图6-8所示。

(a)顶部装配位置　　　　　　　　(b)侧面装配位置

图6-8　塑料吸附剂罩情况

2.检修策略

① 对设备吸附剂罩附近气室进行X射线和局放监测排查,若出现螺栓松动、吸附剂罩脱落、局放信号异常增大,应立即停电更换。

② 对顶部及侧面布置的吸附剂罩尽快完成整改。

3.运维策略

对组合电器设备的吸附剂罩布置方式为顶端或侧面的,应提高超声波带电检测或特高频带电检测的频次至每季度一次,且迎峰度夏及度冬前各一次。

6.7　户外组合电器垂直绝缘盆子漏气

1.案例情况

2018年2月13日,某变电站220 kV Ⅰ母间隔#2段发 SF$_6$ 气体压力降低告警信号,后经现场解体检查发现,盆式绝缘子表面有裂纹。故障原因为组合电器设备对接面上部防水胶损坏,雨水积存于对接面下部,寒冷季节积存于螺栓嵌件内的水汽结冰膨胀,导致盆式绝缘子局部受力不均开裂漏气。垂直盆式绝缘子漏气检测如图6-9所示。

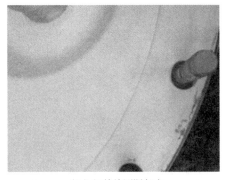

（a）红外检测漏气点　　　　　　　　　　（b）红外检测漏气点

图 6-9　垂直盆式绝缘子漏气检测

2. 检修策略

① 完成 ZF6 型户外组合电器垂直密封对接面处（无金属法兰的盆式绝缘子）加装防雨罩工作；改造前，应清除底部防水胶。

② 户外组合电器垂直密封对接面处漏气的（无金属法兰的盆式绝缘子），应采用 X 射线检测绝缘盆底部螺栓嵌件附近有无开裂、内部积水或结冰等；暂无异常的，缺陷整改前可采用临时堵漏措施，在漏气速率增加或迎峰度冬前安排解体检修。

3. 运维策略

每 6~8 年开展检查户外组合电器垂直盆式绝缘子密封对接面处顶部防水胶完好性，对接面出现漏气的应在补气后缩短巡视周期。

6.8　组合电器内部塑料吸附剂罩脱落

1. 案例情况

2017 年 7 月 24 日，某变电站 102 间隔气室顶部安装的塑料吸附剂罩因材质老化，运行中连同分子筛发生掉落（见图 6-10）。异物掉落至导电杆上，导致相间短路，发生跳闸故障。

2. 检修策略

① 完成已投运多年的 ZF6-252 型组合电器气室内顶部或侧面吸附剂罩材质检测，对出现紧固螺栓松动、吸附剂罩脱落、局放信号异常增大的应立即停电更换。

② 对塑料材质吸附剂罩顶端或侧面布置、负荷重要的组合电器，每年利用 X 射线复测。投运超过 15 年的，3 年内完成整改；投运不满 15 年的，5 年内完成整改。

3. 运维策略

对布置方式为顶端或侧面的吸附剂罩，应提高超声波带电检测频次至每季度一次，且迎峰度夏及度冬前各一次。

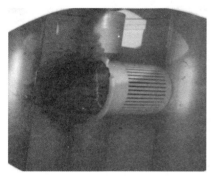

（a）吸附剂罩跌落　　　　　　　　　（b）吸附剂罩破损

图 6-10　吸附剂罩跌落及破损情况

6.9　气管接头锈蚀

1. 案例情况

某 220 kV 变电站 252 kV 组合电器一处线路间隔隔离开关气室漏气。经现场检漏，确认漏气点为气管与阀门连接处（见图 6-11）。漏气原因为气管接头采用 7 系铝合金材质（抗腐蚀能力较差），该材质在户外雨水等情况影响下生锈腐蚀，最终导致气管与阀门接头处漏气。

2. 检修策略

① 对户外设备，可采取涂抹防水胶方式进行临时防护。

② 结合停电计划，逐步完成气管接头的更换工作，对已经发现漏气、运行环境较差以及重要站点的气管接头优先安排。

3. 运维策略

加强日常巡视，对运行环境较差的气管接头以及重要站点进行红外检漏工作，需重点关注压力表的压力变化情况。

图 6-11　气管接头与阀门连接处（漏气点）

6.10　隔离开关合闸欠位

1. 案例情况

2021 年 3 月，某变电站一处线路间隔 C 相电流突降为零，气体成分检测表明该线路隔离开关 C 相气体成分超标，开盖检查后发现动静触头局部烧蚀。经排查发现，拐臂、接头及轴承等经长期运行后锈蚀，运行阻力增大，导致辅助开关发出合闸到位信号后，实际上 C 相动触头并未合闸到位，在电流作用下动静触头局部烧蚀。拐臂、接头示意如图 6-12 所示。

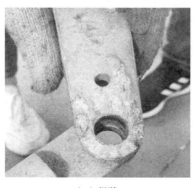

（a）拐臂

（b）接头

图 6-12　拐臂、接头示意

2. 检修策略

逐步完成更换，更换完成后需根据技术要求对行程开关及分合闸定位点进行调整。

3. 运维策略

① 在运维送电操作前后，观察三相电流变化情况，并核实隔离开关分合闸定位点位置是否准确，发现异常情况应立即停电处理。

② 例行巡视时，加强对隔离开关传动拐臂及接头等部件位置检查，查看是否有腐蚀现象，发现有明显腐蚀迹象应及时上报。

6.11 温控器发热烧毁

1. 案例情况

2021 年 08 月，某变电站 220 kV 侧组合电器某线间隔智能组件柜常规仓温度、湿度控制器烧毁。温控器外壳和底座均采用 ABS 塑料，阻燃等级较低，在元件老化后，易出现烧毁隐患。温控器烧毁前后对比如图 6-13 所示。

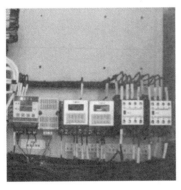

（a）温控器烧毁前　　　　　　　（b）温控器烧毁后

图 6-13　温控器烧毁前后对比

2. 检修策略

进行 B 类检修，及时更换温控器，且更换后应进行必要的测试和调试，确保能正常工作。

3. 运维策略

① 完成该批次温湿度控制器的更换。

② 定期开展二次设备红外测温，检测过程发现异常情况及时上报。

6.12 隔离/接地开关调试工艺不当

1. 案例情况

2022 年 4 月 14 日，某 220 kV 变电站某线路开关运行过程中，A 相开关跳闸，重合后跳三相开关，故障电流一次有效值 28 kA。该变电站侧开关在热备用状态，保护未动作。现场检查发现，该变电站 2D133 刀闸 A 相气室组合电器罐体变色，2D13 开关分位，2D131、2D133 刀闸合位，2D1320、2D1330、2D130 地刀位置分位，现场核实电气和机械指示均正确，2D133 刀闸气室 A、B、C 三相气室相通，压力表指示在正常位置（0.44 MPa），相邻 A 相线路压变气室正常（0.43 MPa）。进行气体成分分析，2D133 隔离开关气室气体成分异常（SO_2 严重超标，达 2689 uL/L），2D133 相邻的断路器 A 相气室 SO_2 超标，约为 368 uL/L（为开断短路电流产生），相邻 A 相线路压变气室气体成分正常。该变电站 220 kV 组合电器出厂日期为 2012 年 12 月。

2D133 隔离开关在分闸状态下，对拐臂定位孔进行检查发现，A、B、C 三相均存在欠位的情况，约为 12 mm，初步判断 2D133 隔离开关分闸不到位，如图 6-14 所示。2D133 隔离开关机构与 B 相本体的连杆紧固螺母已松动，连杆一端为正丝螺纹，另一端为反丝螺纹，初步判断机构行程已偏离初始位置。相间连杆传动螺母松动如图 6-15 所示。

图 6-14 现场分闸定位点欠位约 12 mm

根据现场检查和设备解体情况，可以判断 2D133 刀闸 A 相动触头合闸不到位，动静触头接触不良是本次异常出现的主要原因。造成合闸不到位的主要原因如下。

① A 相隔离动触头比其他两相动触头短 19 mm。现场检查 A 相动触头表面虽然烧蚀，但端部圆弧倒角的大致轮廓仍然能够分辨出。因此判断 A 相动触头

短 19 mm 不是烧蚀造成，而是零部件尺寸加工错误。由于厂内装配时不会对动触头长度进行检查，只是使用工装确定分合闸初始位置，导致该加工错误的零件被安装到本相隔离开关。

② 由于 A 相动触头稍短，为保证回路电阻正常，将刀闸的状态调整为分闸欠位、合闸过位（保证 A 相动静触头能够有效接触），此时 A 相合位正常，B、C 相合位过位。现场安装阶段，服务人员也没有复核定位点，导致该现象一直存在。现场检查分闸定位点处于欠位状态也可印证这一点。

③ 由于现场 2D133 刀闸机构与 B 相本体的连杆紧固螺母未紧固，在多次动作下造成连杆反向旋转导致整体长度变长，推动本体拐臂往合闸欠位方向运动，使得 A 相动静触头出现接触不良现象。连杆长度变化模拟如图 6-16 所示。

图 6-15　相间连杆传动螺母松动

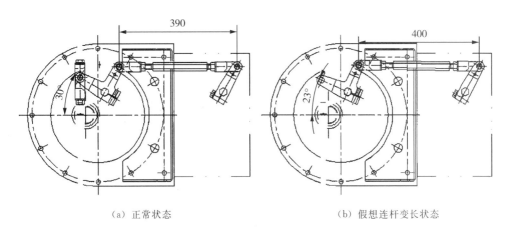

（a）正常状态　　　　　　　　　　　（b）假想连杆变长状态

图 6-16　连杆长度变化模拟

2. 检修策略

① 核查同型号组合电器隔离/接地开关分合闸位置有无偏离初始定位点情况（不应超过±2 mm），传动连杆长度、紧固螺栓状态等是否满足厂控技术要求，不满足的应结合组分分析及 X 射线开展检查。

② 对同型号、同批次组合电器隔离/接地开关逐个开展 X 射线检测，确保分合闸到位且动触头导杆长度满足要求。

③ 对同型号组合电器结合例行试验及停电检修等，联系厂商按照新工艺调节分合闸初始定位点。

3. 运维策略

① 日常巡检中重点关注分合指示位置是否准确到位。

② 倒闸操作前后，观察三相电流变化情况，并核实隔离开关分合闸是否与初始定位点位置一致，发现异常情况立即停电处理。

6.13 本体漏气

1. 案例情况

该户外组合电器自投运以来，本体密封对接面处漏气缺陷频发，主要原因分析如下：密封对接面 M12 规格的防水垫圈金属包封及内部橡胶的尺寸不满足要求，导致本批次的 M12 防水垫圈外层金属包封层的金属强度及内部橡胶的材料硬度均不满足设计要求，防水垫圈不能承受过高的气压，从而发生泄漏。M12 规格金属包封如图 6-17 所示，M12 规格防水垫圈尺寸见表 6-1所列。

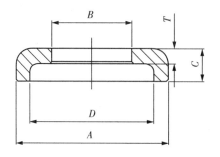
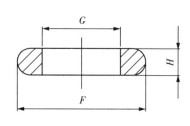

图 6-17 M12 规格金属包封

表 6-1 M12 规格防水垫圈尺寸

	A	B	C	D	F	G	H	T
M12 防水垫圈设计值	28.6	12.7	6.1	20.2	20.6	12.2	4.7	3.5
本批次 M12 防水垫圈	26	13.5	4.8	21	21.4	12	3.5	2.5

2. 检修策略

① 迎峰度冬前，结合主母线伸缩节改造，分批次完成 220 kV 组合电器中 M12 规格紧固螺栓的防水垫圈及金属包封层更换，并对顶部螺孔处涂抹防水胶。

② 对 220 kV 组合电器所配用的 SF_6 气体密度表缩短校验周期，每 3 年校验一次。

③ 结合主母线停电，对 220 kV 组合电器接地/快接地机构底部加装固定支撑。

④ 户外组合电器垂直密封对接面处（无金属法兰的盆式绝缘子）发生漏气的，应在当年度安排停电进行检修；快速接地开关漏气的可采用临时堵漏，应在漏气速度明显增大前，安排解体检修。

3. 运维策略

① 重点检查紧固螺栓防水垫圈外层金属包封层有无形变、开裂等，并及时记录。

② 巡视时，记录密度继电器压力值，轻敲表壳指针应能自由摆动。

③ 冬季时，对快速接地开关顶部盆式绝缘子对接面及螺孔处加强红外检漏。

6.14 母线伸缩节选型错误

1. 案例情况

某 500 kV 变电站 220 kV 组合电器主母线伸缩尺指示为零，部分滑动支撑下方垫片位移严重甚至发生掉落，且存在固定支架偏移形变状况，母线伸缩节未发挥温度补偿作用。主要原因是现场采用的伸缩节为普通安装型伸缩节，不适用于长母线中补偿母线筒的热胀冷缩变形，且其未配置长拉杆，母线筒两侧的固定支架受力严重，母线热胀伸长量几乎被固定支架的形变吸收。滑动支撑垫片偏移如图 6-18 所示，间隔偏移如图 6-19 所示。

图 6-18　滑动支撑垫片偏移

图 6-19　间隔偏移

2. 检修策略

① 迎峰度冬前，安排停电将用于温度补偿的 220 kV 组合电器主母线普通型伸缩节改造为压力平衡型。

② 整改前，每季度抽检部分伸缩节筒体与固定支架间的焊缝，对其开展超声波或 X 射线探伤。

3. 运维策略

温度最高和最低的季节每月核查一次户外组合电器伸缩节伸缩量，与投运时伸缩量的变化应满足伸缩节（状态）伸缩量-环境温度曲线，且母线固定支撑、支架及地脚螺栓不应形变，并对采用橡胶垫的滑动支撑功能有效性进行检查。

6.15 防爆膜设计裕度不足

1. 案例情况

某 220 kV 变电站运行中的 220 kV Ⅱ 母线 B 相压变气室防爆膜动作，缺陷设备投运日期不满 6 个月。故障原因主要有两点：一是 PT 气室所选配的 SF_6 密度继电器精度不满足要求，误报低气压报警信号，检修人员补气至严重超出额定压力值；二是防爆膜设计裕度低（气室额定压力为 0.6 MPa，防爆膜爆破压力为 0.9 MPa，见图 6-20），运行中气温变化引起防爆膜误动作。

(a) SF_6 气体密度表　　　　　　　(b) 防爆膜

图 6-20　防爆膜设计裕度不足

2. 检修策略

① 结合主母线停电，将压变气室防爆膜进行更换，其动作压力至少达到 1.2 MPa。

② 防爆膜进行更换之前，确保在运间隔气室 SF_6 表指示不超过 0.65 MPa。

3. 运维策略

巡视中，压变气室防爆膜外观应完好、无锈蚀变形，释放出口无积水或覆冰。

6.16 绝缘支撑筒异物放电

1. 案例情况

某 220 kV 组合电器现场安装 14 个间隔（2 个主变、8 个线路、2 个母联、2 个分段），设备安装完毕后，4 月 8 日前后，该公司组织厂内技术人员在现场开展了组合电器工频耐压试验，试验过程中发现 D20 间隔 C 相发生放电（见图 6-

21），现场回收气体内检，确定为 C 相断路器绝缘支撑筒沿面放电，更换新的绝缘支撑筒后耐压通过。

（a）支撑筒内部放电情况　　　　（b）支撑绝缘子放电情况

图 6-21　绝缘支撑筒异物放电

2. 检修策略

① 结合主母线停电，每次至少选取一个断路器或主母线间隔，检查罐内尤其是拐臂盒、水平绝缘支撑筒及母线支撑绝缘件表面是否存在异物。

② 如发现异常，在迎峰度夏前滚动完成所有间隔的解体检修，并每月开展重点气室的带电检测。

3. 运维策略

对所有新安装的间隔进行全面清理，特别是气室内部和盆式绝缘子表面，确保没有异物残留。

6.17　气室防爆片爆破设计压力值偏小

1. 案例情况

某 220kV 变电站分段 2100 断路器发 SF$_6$ 气体气压低告警后，短时 C 相气室压力表降为零以下，缺陷设备生产日期为 2019 年 8 月，2019 年 11 月投运。故障原因为防爆片爆破设计压力值偏小，该断路器气室额定运行气压为 0.6MPa，断路器壳体设计压力为 0.76 MPa，破坏试验压力为 2.66 MPa。现场部分断路器气室充入 SF$_6$ 气体压力 0.64 MPa，经过夏季户外阳光照射，内部气体压力逐渐升高，而现场 220kV 组合电器使用的防爆片型号是 YCH75-0.8-90，标定爆破压力为 0.8 MPa，当达到爆破装置的允许压力值，造成爆破片动作。在组合电器

产品正常工作时，爆破片的允许最小爆破压力不应小于被保护设备的设计压力的
1.3 倍，即此爆破片的允许最小爆破压力应不小于 1 MPa，因此所使用的防爆片
不能符合现场实际需要。新旧防爆片对比如图 6-22 所示。

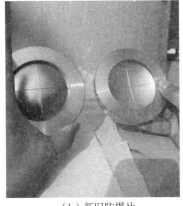

（a）旧防爆片铭牌　　　　　　　　（b）新旧防爆片

图 6-22　新旧防爆片对比

2. 检修策略

加强特殊工况下（大负荷、极寒、高温天气等）的气室压力及防爆膜状态的
巡检。

3. 运维策略

定期检查防爆片的状态，确保其在有效期内性能符合要求。

6.18　接地隔离开关分闸不到位

1. 案例情况

某 220 kV 变电站 2N15 间隔转热备用时（准备合 2N151 隔离开关，2N152
隔离开关处于分闸状态），2N151 和 2N152 隔离开关气室内部发生故障（2N1520
地刀与 2N152 隔离开关共气室），2N152 隔离开关 C 相气室内部发生绝缘放电故
障，现场利用 X 射线成像检测，2N1520 地刀 C 相分闸不到位（2N1520 地刀 A、
B 相分闸到位），且 C 相地刀触头有形变，静侧触指损坏。原因分析：该组合电
器产品接地开关机构设计存在缺陷，测量回路电阻时，需拆除机构与接地开关轴
封处连接，在恢复过程中安装调试不当导致接地隔离开关分闸不到位。2N1520
地刀 A、B、C 相分闸情况如图 6-23 所示。

（a）2N1520地刀A相

（b）2N1520地刀B相

（c）2N1520地刀C相

（d）接地开关机构与轴封连接

图 6-23　2N1520 地刀 A、B、C 相分闸情况

2. 检修策略

① 对传动机构连杆位置进行初始状态标识，每次检修后需核对接地刀闸分合闸位置是否正确。

② 结合停电，将组合电器设备的接地开关的接地端应通过绝缘套筒引至组合电器外部接地。

③ 隔离开关/接地开关等动部件机构拆装后，应开展机械特性、联锁等试验。

3. 运维策略

在倒闸操作过程中应严格执行接地刀闸分合闸位置核对工作的要求。

6.19　二次分合闸位置监测回路

1. 案例情况

2017 年 9 月 9 日，某 500 kV 变电站 220 kV 2815 线路 C 相接地故障跳闸，

省级电网调度中心监控后台合闸，C 相合闸成功，A、B 相合闸失败，非全相动作三跳。分析认为，2815 线断路器 A、B 相在合闸状态时，经重合闸—加速跳闸动作过程后，防跳继电器与跳位监视回路接通，导致防跳继电器带电，合闸回路断开。从现场检查现象分析，断路器单相故障单跳单重然后加速三跳后，A、B 相防跳继电器保持不复归，导致 A、B 相合闸回路切断，是省级电网调度中心监控遥合闸不成功的直接原因。二次分合闸位置监测回路如图 6-24 所示。

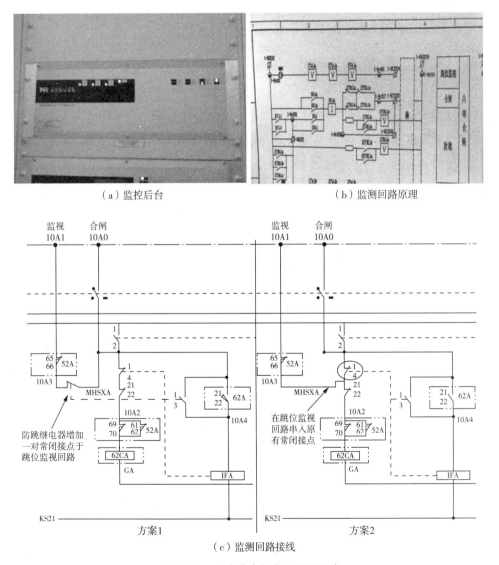

（a）监控后台　　　　　　　　　（b）监测回路原理

（c）监测回路接线

图 6-24　二次分合闸位置监测回路

2. 检修策略

结合设备停电完成二次回路的隐患治理工作，对机构内部接线进行改造，将原供合闸用的防跳继电器常闭接点串入跳位监视回路。

3. 运维策略

在防跳回路未整改前，开关重合闸失败加速三跳情况时，要断开操作电源复归防跳继电器。

6.20　避雷器内部螺栓松动发生异常响声

1. 案例情况

2018 年 9 月 30 日，某 500 kV 变电站一台 252 kV 组合电器避雷器在运行中内部发生响动，随后对该避雷器进行了局放测量和 SF_6 气体分析，发现局放值增大，SF_6 气体有分解物析出，随后安排对故障避雷器进行了停电更换。在厂内车间对故障避雷器进行了解体检查，解体发现，内部盆式绝缘子表面无放电痕迹，导电杆无放电痕迹，整个内部表面附着有放电之后产生的分解物粉尘。将盆式绝缘子拆解之后，摇动避雷器芯体，有明显晃动感觉；进一步拆解，将芯体紧固螺栓卸下后，屏蔽罩与均压罩整体被取出，说明紧固芯体的紧固螺母已经和绝缘杆脱离，明显能看到留在芯体上部的压簧有放电的痕迹，将紧固螺母拆出后其压接处有较多的放电分解物粉尘。避雷器内部导体、屏蔽罩如图 6-25 所示，避雷器内部绝缘杆、压簧如图 6-26 所示。

（a）内部导体　　　　　　　　（b）屏蔽罩

图 6-25　避雷器内部导体、屏蔽罩

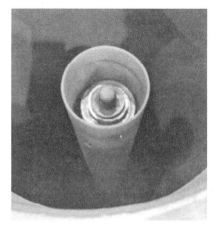 

（a）内部绝缘杆　　　　　　　　　（b）压簧

图 6-26　避雷器内部绝缘杆、压簧

该台避雷器发生故障的主要原因为芯体的紧固螺丝未上紧，在运行一段时间后松脱，发生内部放电，并且放电量逐步增大，之后引起了避雷器振动，传导至外壳表现为避雷器内部有异常响声。

2. 检修策略

对振动及存在局放时，结合 X 射线成像检测、组分分析等进行综合研判，并及时处理隐患设备。

3. 运维策略

针对同型号、同批次在运设备，对发现有异常响声及振动时应强化超声波、特高频带电检测频次。

6.21　SF₆ 密度继电器指示故障

1. 案例情况

某 220 kV 变电站母联 27002 隔离开关 B 相气室压力异常降低。现场检查密度继电器压力值为 0.53 MPa（额定值为 0.6 MPa），关闭密度继电器三通阀后指针指向 −0.1 MPa，正确指示应为 0.1 MPa，初步判断该 SF₆ 密度继电器指示针存在故障。使用 SF₆ 智能充气装置进一步检查，发现智能充气装置显示

27002 隔离开关 B 相气室 SF_6 压力实际值为 0.615 MPa，与压力表显示数据严重不符。

综合检修情况，判断造成此次异常的主要原因是该型组合电器配备的 SF_6 密度继电器精度不满足要求，误报低气压信号，易误导造成检修人员补气严重超过额定压力。

2. 检修策略

① 对同类型 SF_6 密度继电器装用量及校验情况开展排查，发现异常的及时更换。

② 对配用该型号 SF_6 密度继电器的组合电器，应缩短 SF_6 密度继电器校验周期，每 3 年校验一次。

3. 运维策略

巡视时，该型压力表应检查并记录，检查时可轻敲表壳，指针应能自由摆动。

6.22 安装过程中清洁度不达标

1. 案例情况

2022 年 4 月 7 日，某 220 kV 变电站在现场安装组合电器后进行现场耐压试验时发生放电现象。经过拆解点检，发现 D07 间隔下母两工位隔离开关盆式绝缘子沿面放电，放电点贯穿盆式绝缘子中心嵌件至壳体法兰边缘，放电痕迹中有一处明显深黑印记，盆式绝缘子放电位置壳体的上方为组合阀充气口位置。根据拆解点检的结果，分析盆式绝缘子沿面放电是由表面清洁度不够造成（在现场耐压时有异物附着在盆式绝缘子表面），盆式绝缘子上放电痕迹中的深黑印记部位是由放电过程中金属异物造成的。盆式绝缘子放电位置如图 6-27 所示。

2. 检修策略

投运 5 年内，结合主母线停电，每次至少选取一个断路器或主母线间隔，检查罐内尤其是屏蔽罩、母线支撑绝缘件及盆式绝缘子表面是否存在异物。

3. 运维策略

① 对同型号、同批次在运设备加强超声波及特高频带电检测频次。

② 发现异常情况，可开展 X 射线检测等综合研判，及时处理隐患。

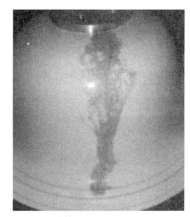
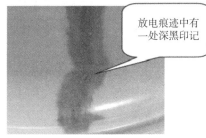
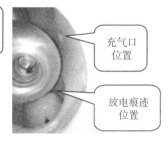

放电痕迹中有
一处深黑印记

充气口
位置

放电痕迹
位置

图 6-27　盆式绝缘子放电位置

6.23　弹簧机构拒分

1. 案例情况

2021 年 6 月 13 日，某 220 kV 变电站线路转冷备用操作过程中，拉开 2737 开关时，A、B 相分开，C 相拒分。现场检查发现 2737 开关机构箱内 C 相两套分闸线圈均烧毁。该设备为户外组合电器设备，2020 年 2 月生产，开关操动机构型号为 CT30。故障原因为内拐臂轴销表面处理工艺由镀铬更改为镀锌，导致镀层表面受力变形，进而增加拐臂与保持掣子间的摩擦阻力，出现拒动现象。弹簧机构拒分如图 6-28 所示。

2. 检修策略

① 各单位开展全面排查在运同型号设备机构配用情况，发现异常的（轴销端面颜色为银色）应纳入隐患清单。

② 完成隐患轴销的更换，其机械特性应满足要求并且 50 次分合闸操作后检查无异常后，方可投运。

3. 运维策略

定期对组合电器关键部位如开关操作机构、分闸线圈等进行检查。

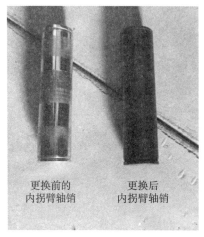

更换前的
内拐臂轴销

更换后
内拐臂轴销

（a）内拐臂轴销前后对比更换

（b）处理后整体情况

图 6-28　弹簧机构拒分

6.24　隔离开关传动连杆变形

1. 案例情况

2018 年 12 月 13 日，某 220 kV 变电站启动送电，发现 2855 线路避雷器内部有明显放电声。隔离后继续送 #2 主变，发现 27023 隔离开关机械指示已合上，但 #2 主变未带电，初步判断 2855（4）27023 实际未合到位。

现场检查，28554 隔离开关、27023 隔离开关齿轮盒锈蚀严重，存在严重卡涩现象，传动连杆受力不均匀变形，对接法兰盘错位，机构传动齿轮与传动连杆齿轮脱扣，隔离开关未合到位。故障分析如下：隔离开关齿轮盒进水锈蚀、卡涩严重，同时隔离开关相间传动连杆采用法兰盘连接，但法兰对接螺孔间隙较大，旋转受力时容易导致对接法兰盘移位，传动连杆不同心，以上多种因素导致齿轮脱扣，隔离开关合不到位。对其余间隔检查发现，均出现类似现象。弹簧机构拒分如图 6-29 所示，隔离开关传动杆结构如图 6-30 所示。

2. 检修策略

对齿轮盒、连杆加装防雨罩，防止进水腐蚀。隔离开关传动杆、齿轮盒改造如图 6 - 31 所示。

（a）机构传动齿轮脱齿

（b）齿轮盒进水严重

图 6 - 29　弹簧机构拒分

图 6 - 30　隔离开关传动杆结构

图 6 - 31　隔离开关传动杆、齿轮盒改造

3. 运维策略

① 针对同型号、同批次在运设备，日常巡视重点检查机构传动部分的锈蚀、进水情况。

② 倒闸操作前后，观察三相电流变化，并核实隔离开关分合闸定位点位置是否准确，发现异常需立即停电处理。

第7章　110 kV 设备故障缺陷案例

7.1　户外组合电器电缆终端上盖板漏气

1. 案例情况

电缆终端上盖板在长期运行后，尤其户外电站，存在漏气现象。电缆终端漏气位置如图 7-1 所示。

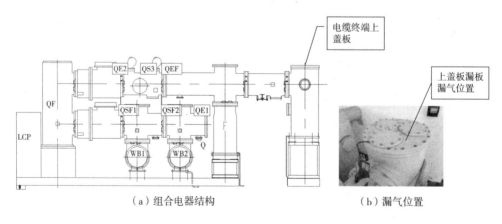

（a）组合电器结构　　　　　　　　　（b）漏气位置

图 7-1　电缆终端漏气位置

原因分析：电缆终端上盖板通过 M16 螺栓与壳体连接，盖板螺栓孔为沉孔，且沉孔离盖板密封槽较近。连接螺栓沉孔处未涂防水胶或者防水胶脱落，造成孔内进水，渗入密封槽后加速密封圈老化，从而发生漏气事故。法兰孔原有结构如图 7-2 所示。

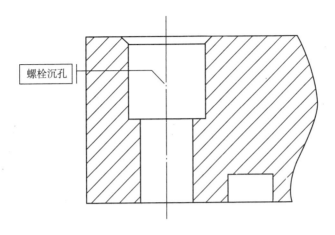

图 7-2　法兰孔原有结构

2. 检修策略

① 结合停电计划，更换盖板及密封圈，更换后对密封螺栓重新涂防水胶，对已经发生漏气的优先进行更换。新版盖板孔结构如图 7-3 所示。

② 未涂抹防水胶或防水胶失效的，应对密封螺栓处重新涂防水胶。

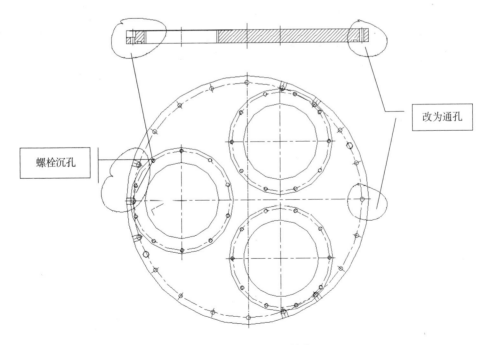

图 7-3　新版盖板孔结构

3. 运维策略

① 巡视时，注意观察该气室密度表压力值，重点对螺栓连接处和法兰对接面进行检漏。

② 每 6 年检查螺栓孔上部防水胶的完好性。

7.2 线形接地开关绝缘区开裂漏气问题

1. 案例情况

接地开关绝缘区长期运行后，尤其户外低温和温度变化较大地区，存在绝缘子开裂现象，造成气室漏气（见图 7-4）。

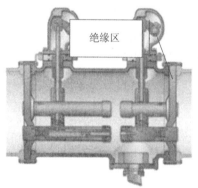
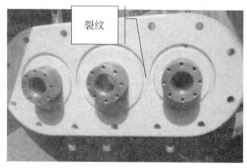

图 7-4　线形接地开关绝缘区开裂漏气

原因分析：接地开关的底座与绝缘子的接触面较大，紧固标准件时容易产生应力集中，经过寒暑温度较大变化后，应力释放，造成绝缘子开裂。接地开关底座与绝缘子连接螺栓处未进行防水处理，螺纹孔进水后，在寒冷天气时结冰膨胀，造成绝缘子开裂。绝缘区固定螺栓处结冰如图 7-5 所示。

整改方案：新版接地开关绝缘区结构进行改进。一是取消三相一体式的绝缘区，接地开关底座与壳体直接对接，金属法兰直接对接可有效提高密封性能；二是将绝缘区改为单相圆环形结构，使其受力更均匀，减少紧固力矩和温差变化时的应力集中；三是取消绝缘子内部的金属嵌件，杜绝因金属嵌件与绝缘子结合部位应力集中而开裂的隐患。改进后的绝缘区如图 7-6 所示。

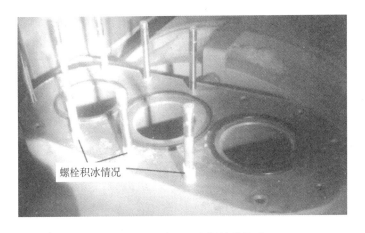

图 7-5　绝缘区固定螺栓处结冰

（a）整体结构

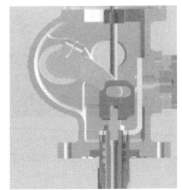

（b）内部结构

图 7-6　改进后的绝缘区

2. 检修策略

① 户外设备每 6 年开展接地开关底座与绝缘盘连接螺栓的防水涂层状态的检查及维护，发生漏气的尽快安排停电更换，并重新涂覆防水胶。

② 未发生漏气的设备，根据停电情况安排更换为新结构的接地开关，户外设备优先处理。

3. 运维策略

① 恶劣天气后加强对该型号接地开关的巡视，查看绝缘子是否有开裂等异常现象。

② 接地开关气室出现漏气时，重点对接地开关绝缘子开展红外检漏。

7.3　电流互感器局放异响

1. 案例情况

某电站在运行过程中电流互感器靠近断路器侧有局放、异响。

原因分析：异响位置为屏蔽筒与均压环配合部位（见图7-7），均压环固定在挡板上，插入屏蔽筒内，屏蔽筒与均压环同轴度较好时，装配后出现间隙，产生悬浮电位，致使均压环对屏蔽筒局部放电，发出异响。电流互感器装配如图7-8所示。

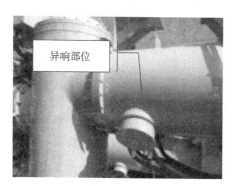
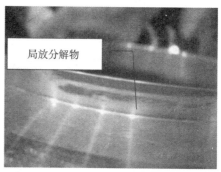

图7-7　局放异响位置

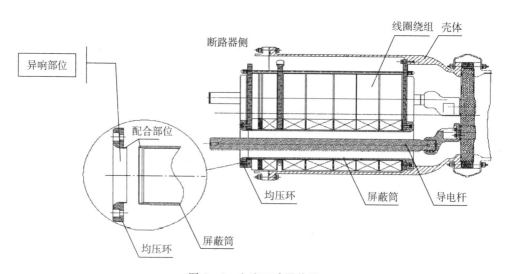

图7-8　电流互感器装配

新版均压环改为旋压件，将均压环直接用螺钉固定在屏蔽筒上，避免接触不良（见图 7 - 9）。

2. 检修策略

出现振动异响、超声局放等异常现象应加装重症监护装置，并结合 SF_6 气体组分综合研判，异常情况加剧时尽快安排停电进行更换。

3. 运维策略

对暂无异常现象但运行年限超过 10 年的设备在大负荷期间加强带电检测频次。

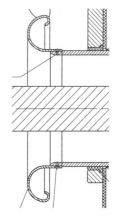

图 7 - 9　新版均压环与屏蔽筒装配方式

7.4　户外组合电器横式隔接单元锈蚀

1. 案例情况

2018 年 10 月 26 日，220 kV 园水变 110 kV 园上 881 间隔 8813 隔离开关机构卡死，现场检查发现 8813 机构箱背板防水失效，造成机构蜗杆内侧支撑轴承严重锈蚀，导致隔离开关机构卡死，烧损电机及启动电阻。现场更换新电机、蜗轮及关联轴承，并对已进水部分重新进行防水处理，恢复正常状态。ZF6 - 126 型组合电器横式隔接组合如图 7 - 10 所示。

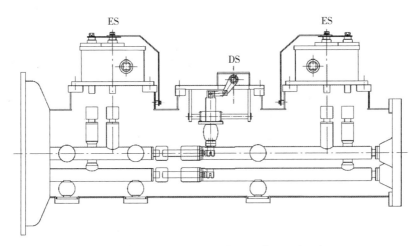

图 7 - 10　ZF6 - 126 型组合电器横式隔接组合

2. 检修策略

① 户外组合电器横式隔接组合的机构轴密封应增设防雨罩，出现锈蚀卡涩的需安排停电，做好轴承除锈及润滑，更换密封垫圈并重新涂覆防水胶。

② 投运超过 10 年的户外组合电器，结合机构大修本年度完成检修；投运 10 年以内，制定滚动计划 3 年内完成改造。

3. 运维策略

① 运维巡视中，重点关注户外组合电器横式隔接组合的机构轴密封处有无锈蚀、积水或结冰等现象。

② 倒闸操作前后，重点核查组合电器隔离/接地开关操作到位情况，拐臂角度与分合闸到位指示不对应的，应结合 X 射线检测、电机电流监测等综合研判分合闸状态。

7.5 断路器机构合闸不到位

1. 案例情况

2021 年 3 月，某变电站恢复送电过程中发现断路器出现分闸异常、机构棘轮未运动到位、分闸线圈烧损等现象。

长时间运行设备传动环节阻力增大，机构分合闸弹簧预压较小的情况下会出现合闸速度降低的情况，严重时会出现机构合闸不到位（但信号、储能、控制回路均无异常显示），最终导致分闸脱扣装置未到位引起拒分情况。ZF6 - 126 型组合电器横式隔接组合如图 7 - 11 所示。

（a）导杆未到位位置示意　　　　　　（b）导杆到位位置示意

图 7 - 11　ZF6 - 126 型组合电器横式隔接组合

2. 检修策略

① 对同型号、同批次在运断路器进行专项隐患排查，观察与棘轮连接导杆的实际位置是否到位，发现异常情况立即申请停电处理。

② 结合停电计划，对同型号、同批次断路器进行机械特性测试，对性能不满足厂家技术要求的，对弹簧压缩量进行调整，对调整后机械特性仍不满足要求的，更换弹簧。

3. 运维策略

合闸后核实导杆的实际位置是否到位，如有异常应立即停电处理。

7.6　三工位轴承锈蚀

1. 案例情况

某变电站 110 kV 组合电器设备用三工位隔离接地开关，其传动结构轴装配内轴承出现锈蚀，造成转动力矩变大，导致机构电机烧毁。

由于在户外长期运行，轴装配端盖与轴套间防水密封胶可能老化开裂。雨水频繁、气候潮湿时可能导致轴装配内轴承逐步产生锈蚀，增大转动阻力，最终导致电机烧毁。

2. 检修策略

① 逐步完成同型号三工位轴承整改更换。现场生锈轴承及端盖改进前后对比如图 7 - 12 所示。

② 对发生过电机烧毁、运行中发现卡滞的机构优先进行更换。

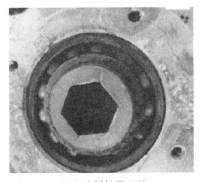

（a）生锈轴承正面　　　　　　　　　　（b）生锈轴承背面

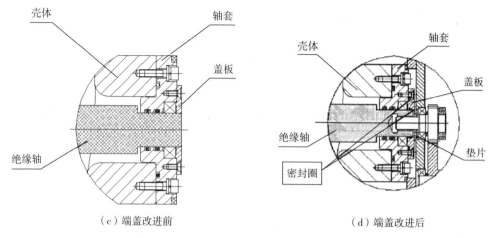

（c）端盖改进前　　　　　　　　　（d）端盖改进后

图 7-12　现场生锈轴承及端盖改进前后对比

3. 运维策略

① 加强日常巡检，需重点关注分合指示位置是否准确到位。

② 倒闸操作前后，观察三相电流变化情况并核实隔离开关分合闸定位点位置是否准确，发现异常情况应立即停电处理。

7.7　带电显示器指示异常

1. 案例情况

2021 年 8 月 24 日，某 110 kV 变电站一台 110 kV 组合电器线路接地隔离开关在转检修操作时，在线路已经转冷备用状态下，带电显示器 C 相灯亮，闭锁接地隔离开关不能执行合闸操作。经排查发现，汇控箱带电显示器端子接线与交流电源接线在同一段端子排上且相邻布置，由于端子排绝缘能力降低，感应电压导致带电显示器 C 相指示异常，闭锁接地隔离开关。带电显示器和端子接线如图 7-13 所示。

2. 检修策略

变电站内智能控制柜、汇控柜等屏柜内的带电显示器端子接线不应与交直流二次端子接线相邻布置，或采取其他有效防误动措施，避免由于端子排绝缘能力降低导致带电显示器指示异常。

3. 运维策略

日常巡视及校验发现带电显示器指示出现异常情况应及时处置。

（a）带电显示器

（b）端子接线

图 7-13　带电显示器和端子接线

7.8　绝缘传动轴铸造缺陷

1. 案例情况

2021 年 9 月 20 日，某 110 kV 变电站 II 母压变 9006 隔离开关 B、C 两相发生放电击穿，设备投运日期为 2020 年 11 月 30 日。通过现场解体检查、机械尺寸测量、绝缘件试验及 X 光探伤检测，判定故障原因为 B、C 相间绝缘传动轴存在铸造缺陷，在嵌件与环氧浇筑处存在气泡。同时，发现厂内未严格按照要求逐个开展绝缘件的 X 光探伤检查，导致缺陷绝缘件被安装至设备内。在长期带电运行过程中，缺陷绝缘件的传动轴绝缘性能迅速劣化，绝缘件内部碳化炸裂，引起 9006 隔离开关 B、C 两相相间短路，电弧放电产生大量的分解产物，逐步发展为内部三相短路故障。现场检查故障绝缘传动轴编号为 A19Y24215690，生产日期为 2019 年 12 月 24 日，通过调取该工程的同批次绝缘传动轴 X 光检测存档记录，发现此传动轴缺失检测记录，判断该故障传动轴在出厂时存在漏检情况。

2. 检修策略

① 结合主母线停电，每次至少选取一个隔离开关间隔解体检修，并利用 X 射线检查绝缘传动轴内部是否有气隙。

② 如有异常，在迎峰度夏前滚动完成所有间隔的解体检修，并每月开展重点气室的带电检测。

3. 运维策略

对同批次、同型号在运组合电器加强超声波及特高频带电检测频次。

7.9 接地引出绝缘子对接法兰锈蚀

1. 案例情况

现场运行检查发现组合电器接地引出绝缘子对接法兰存在严重锈蚀现象（见图7-14）。该厂 2014 年生产的组合电器设备部分批次采用硬铝，而非规定的不锈铝合金。硬铝材质的法兰受户外环境影响腐蚀严重，继续运行可能会造成漏气缺陷。

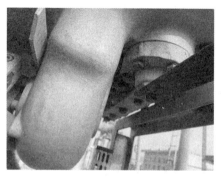 

（a）对接法兰锈蚀　　　　　　　　　（b）对接法兰粉化

图 7-14　接线接地引出绝缘子对接法兰锈蚀

2. 检修策略

（1）结合例行检修，对户外锈蚀法兰盘进行更换。

（2）更换后对同型号、同批次对接法兰进行防腐处理。

（3）对已经发生漏气的设备年底前完成整改。

3. 运维策略

巡视中，重点关注同型号、同批次在运设备接地引出绝缘子对接法兰等部位的锈蚀情况。

7.10 机构卡涩拒合

1. 案例情况

2015 年 6 月 23 日，某特高压站 1 号主变 11 号低抗 1111 断路器例检期间，低电压合闸试验首次未成功（线圈带电铁芯吸合正常，断路器分位、已储能）。设备生产日期为 2013 年 2 月，H 组合电器型号投运日期为 2013 年 9 月 25 日。

2015 年 7 月 15 日，1111 断路器合闸操作不成功，现场检查发现合圈烧毁（更换断路器分合闸线圈总成）。2018 年 3 月 10 日，该站 1 号主变 21 号低抗 1121 断路器合闸不成功，现场检查合圈烧毁（更换断路器分合闸线圈总成）。

（a）合圈烧毁

（b）机构出现卡涩

图 7-15　机构卡涩拒合

原因分析：合圈烧毁是由于合闸线圈吸合后机构卡涩（见图 7-15），未将合闸用半月挂钩解除锁定，在此情况下释放合闸弹簧能量造成烧毁。分析上述 3 次设备异常情况可以发现，该型号断路器机构部件整体加工工艺不高，机构运行中易出现卡涩现象，导致分合闸线圈总成卡涩拒动。

2. 检修策略

结合例行试验或安排停电，每 3 年执行一次断路器防拒动排查。

3. 运维策略

加强对断路器机构箱、汇控箱密封枪口、温湿度装置等的检查，发现异常及时处理。

7.11　套管根部异常发热

1. 案例情况

2013 年 11 月，某特高压站运维人员开展红外测温时发现 1111L、1121L 低抗间隔共计 12 只套管根部普遍存在异常发热现象（见图 7 - 16）。

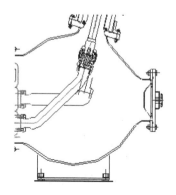

（a）发热部分红外图　　　　　　　　　　（b）导体插接部位示意

图 7 - 16　套管根部异常发热

打开气室手孔，现场检查接触子无烧蚀现象，接触子接触面接触完好，插接导体螺栓紧固情况良好，镀银面无损伤。同时测量导体插入尺寸为 23 mm，满足标准（25±3）mm 的要求。

初步原因分析主要为罐体采用导磁性钢材质，由此带来涡流效应导致发热。

2. 检修策略

① 考虑使用非导磁材料或具有更好热导性能的材料来代替现有材料。

② 对设备散热结构进行检查，确保其正常工作。

3. 运维策略

强化高温大负荷期间套管红外测温。

7.12　组合电器投运前多次耐压不通过

1. 案例情况

某 220 kV 变电站扩建两个间隔，在耐压试验过程中均发生放电。结合故障解体（见图 7 - 17），判断故障原因为异物引发放电，异物来源为厂内或现场装配安装过程。另外，对接面安装完成后未彻底清理干净气室内及盆式绝缘子表面异物，导致在耐压试验过程盆式绝缘子发生沿面闪络。

放电通道

（a）正面 　　　　　　　　　　（b）背面

图 7-17　故障组合电器解体情况

2. 检修策略

① 结合主母线停电，每次至少选取一个断路器间隔，检查罐内尤其是盆式绝缘子表面是否存在异物。

② 如有异常，在迎峰度夏前滚动完成所有间隔的解体检修，并每月开展重点气室的带电检测。

3. 运维策略

运行阶段定期采取局放等不停电检测手段来预防绝缘放电故障。

7.13　断路器对中工艺不良导致合后拒分

1. 案例情况

某 110 kV 变电站某间隔调试过程中，断路器合闸后拒分。厂内故障解体后发现断路器上方与 I 母隔离开关对接 C 相公母触头受损严重，其余两相正常，且 C 相触头与法兰对接面深度相比于 A、B 相更深（C 相触头由于受力向罐体内部活动）。结合现场和厂内检查，判断本次故障原因为现场对接过程未按照指导手册使用对接工装，C 相导体受力后连带灭弧室静侧歪斜，机构运动受阻卡涩，合闸不到位。断路器触头异常如图 7 - 18 所示。

（a）静触头   （b）动触头

图 7 - 18　断路器触头异常

2. 检修策略

① 停电检修期间应开展回路电阻测试，发现异常应及时处置。

② 对断路器分合闸位置进行初始状态标识。通过对传动机构连杆位置进行初始状态标识，能正确反映断路器分合闸位置及插入深度。

3. 运维策略

倒闸操作前后对断路器的分合闸位置进行核对。

参 考 文 献

[1] 张欣，李高扬，黄荣辉，等．不同运行年限的 GIS 缺陷率统计分析与运维建议［J］．高压电器，2016，52（3）：184－188，194．

[2] 刘孝刚，梅晓辉，户刚．全封闭组合电器运检过程中常见故障及维护［J］．价值工程，2013，32（5）：66－68．

[3] 孔庆文，邵晓东，王东阳．基于特高压 GIS 设备的状态评估及检修策略的研究［J］．自动化与仪器仪表，2018（12）：47－49．

[4] 缪金，王艳华．GIS 组合电器典型故障分类和全周期维护策略研究［J］．陕西电力，2017，45（2）：78－81．

[5] 吐松江·卡日，高文胜，王颂，等．SF_6 断路器缺陷分析与运维策略［J］．高压电器，2017，53（5）：164－169．

[6] 李秀广，韩四满，万华，等．宁夏电网 GIS 设备缺陷分析及预防措施［J］．电气技术，2015（3）：107－110．

[7] 杨芮，赵建勇，石磊，等．全封闭组合电器室 SF_6 气体泄漏分布规律与气体检测布置策略［J］．科学技术与工程，2019，19（9）：99－107．

[8] 汤铭华．GIS 组合电器典型故障分析及改进［D］．广州：华南理工大学，2014．

[9] 马慧敏，张星宇，戴雨薇，等．特高压组合电器运行状况和典型故障分析［J］．内蒙古电力技术，2021，39（5）：27－30．

[10] 胡婧．保定供电公司 GIS 设备故障分析及检修策略研究［D］．北京：华北电力大学，2017．